海洋机器人前沿译丛
封锡盛 主编

水下机器人的人工智能技术

〔德〕弗兰克·基希纳（Frank Kirchner）
〔德〕希尔科·施特劳贝（Sirko Straube）
〔德〕丹尼尔·屈恩（Daniel Kühn） 编
〔德〕尼娜·霍耶（Nina Hoyer）

周为峰 程田飞 译

科学出版社
北京

图字：01-2024-0338 号

内 容 简 介

本书是施普林格出版的"智能系统、控制和自动化：科学与工程"（Intelligent Systems, Control and Automation: Science and Engineering）丛书中的一本，从水下环境面临的困难与挑战、人工智能技术在水下机器人应用领域的发展潜力等方面，对下一代水下机器人技术结构等涉及的相关学科进行了全方位的前瞻性阐述，内容涵盖系统设计、通信、人工智能和机器学习、地图构建和任务协调，以及自适应任务规划。

本书立足于科学研究和工程应用，使读者了解越来越智能化的水下机器人，以期能够更好地利用这项技术，实现对海洋资源的保护和可持续开发利用。

First published in English under the title AI Technology for Underwater Robots
edited by Frank Kirchner, Sirko Straube, Daniel Kühn and Nina Hoyer
Copyright © Springer Nature Switzerland AG, 2020
This edition has been translated and published under licence from Springer Nature Switzerland AG.

图书在版编目（CIP）数据

水下机器人的人工智能技术/（德）弗兰克·基希纳（Frank Kirchner）等编；周为峰，程田飞译. —北京：科学出版社，2025.1
（海洋机器人前沿译丛）
书名原文：AI Technology for Underwater Robots
ISBN 978-7-03-075864-4

Ⅰ.①水… Ⅱ.①弗…②周…③程… Ⅲ.①人工智能－应用－水下作业机器人－研究 Ⅳ.①TP242.2

中国国家版本馆 CIP 数据核字（2023）第 109002 号

责任编辑：杨慎欣 狄源硕／责任校对：王 瑞
责任印制：赵 博／封面设计：无极书装

科学出版社出版
北京东黄城根北街 16 号
邮政编码：100717
http://www.sciencep.com
天津市新科印刷有限公司印刷
科学出版社发行 各地新华书店经销
*
2025 年 1 月第 一 版 开本：720×1000 1/16
2025 年 9 月第二次印刷 印张：11 1/2
字数：232 000
定价：128.00 元
（如有印装质量问题，我社负责调换）

智能系统、控制和自动化：科学与工程
第 96 卷

丛书主编

S. G. Tzafestas, National Technical University of Athens, Greece
斯皮罗斯 G. 查费斯塔斯，希腊雅典国家技术大学

Kimon P. Valavanis, University of Denver, CO, USA
基蒙 P. 瓦拉瓦尼，美国科罗拉多州丹佛大学

编辑顾问委员会

P. Antsaklis, University of Notre Dame, IN, USA
帕诺斯·安赛克利斯，美国印第安纳州圣母大学

P. Borne, Ecole Centrale de Lille, France
皮埃尔·博尔内，法国里尔中央理工学院

R. Carelli, Universidad Nacional de San Juan, Argentina
里卡多·卡雷利，阿根廷圣胡安国立大学

T. Fukuda, Nagoya University, Japan
福田敏男，日本名古屋大学

N. R. Gans, The University of Texas at Dallas, Richardson, TX, USA
尼古拉斯 R. 甘斯，美国得克萨斯州理查森市得克萨斯大学达拉斯分校

F. Harashima, University of Tokyo, Japan
原岛文雄，日本东京大学

P. Martinet, Ecole Centrale de Nantes, France
菲利普·马蒂内，法国南特中央理工学院

S. Monaco, University La Sapienza, Rome, Italy
萨尔瓦托雷·莫纳科，意大利罗马第一大学

R. R. Negenborn, Delft University of Technology, The Netherlands
鲁迪 R. 尼根伯恩，荷兰代尔夫特理工大学

A. M. Pascoal, Institute for Systems and Robotics, Lisbon, Portugal
安东尼奥 M. 帕斯库亚尔，葡萄牙里斯本系统与机器人研究所

G. Schmidt, Technical University of Munich, Germany
金特·施密特，德国慕尼黑工业大学

T. M. Sobh, University of Bridgeport, CT, USA
塔里克 M. 苏卜希，美国康涅狄格州布里奇波特大学

C. Tzafestas, National Technical University of Athens, Greece
科斯塔斯·查费斯塔斯，希腊雅典国家技术大学

"智能系统、控制和自动化：科学与工程"丛书出版了有关科学、工程和技术发展的书籍，这个引人入胜的领域涉及众多学科和实际应用：类人生物力学、工业机器人、移动机器人、服务和社交机器人、仿人机器人、机电一体化、智能控制、工业过程控制、电力系统控制、工业和办公自动化、无人驾驶航空系统、远程操作系统、能源系统、运输系统、无人驾驶汽车、人机交互、计算机和控制工程，以及计算智能、神经网络、模糊系统、遗传算法、神经模糊系统和控制、非线性动力学和控制，当然还有适应性、复杂和自组织系统。这种广泛的主题、方法、观点和应用引发各领域的研究人员和从业人员，以及想了解某一特定主题的研究生等大量读者群的思考。这套丛书受到了科学界和工程界的热烈欢迎，并不断收到来自学术界和工业界越来越多的高质量建议。希腊雅典国家技术大学的斯皮罗斯 G. 查费斯塔斯教授是该丛书主编之一，他得到了编辑顾问委员会的协助，该委员会为该丛书选择最有趣和最前沿的稿件。

施普林格和查费斯塔斯教授欢迎各位作者的书籍创意，请希望提交书籍提案的潜在作者联系托马斯·迪茨格（Thomas Ditzinger）：thomas.ditzinger@springer.com。

Scopus、谷歌学术和 SpringerLink 平台均有索引。

有关该丛书的更多信息，请访问 http://www.springer.com/series/6259。

译丛序

浩瀚的海洋中蕴藏着丰富的矿物资源、生物资源和其他资源,是生命的摇篮、资源的宝库、交通的命脉,是世界各民族繁衍生息和持续发展的重要资源。海洋与人类的生存和发展密不可分,海洋是人类赖以生存与可持续发展的强大依靠,海洋中丰富的资源为人类的生存和发展提供了必要的物质基础,关系民族生存发展和国家兴衰安危。同时,世界各地的洪涝、干旱、台风等极端灾害性天气的发生也与海洋密切相关。党的二十大报告明确提出:"发展海洋经济,保护海洋生态环境,加快建设海洋强国。"海洋在我国经济发展格局和对外开放中的作用更加重要,在维护国家主权、安全、发展利益中的地位更加突出,在国际政治、经济、科技、军事竞争中的战略地位也明显上升。

随着人类对海洋科学研究的深入,海洋机器人成为海洋探索与开发的重要工具,是人类认识海洋、开发海洋、保护海洋的重要手段之一。海洋机器人技术发展迅速,世界各国相继开展了海洋机器人的研究与开发。各类海洋机器人的基础理论、关键技术和装备研发迅猛发展,并在海洋物理、海洋化学、海洋生物、海洋地质、海洋工程、资源勘探和援潜救生等研究领域得到广泛应用,为海洋资源开发利用提供了强有力的保障。

前几年我们组织出版了"海洋机器人科学与技术丛书",这套丛书集中体现了我国学者的科研成果,并得到了国家出版基金的资助。同时,我们认为引进国际上最新出版的海洋机器人领域的优秀著作,将其科学、准确地翻译为中文,有助于国内学者及高校学生更透彻地认识和理解世界范围内的海洋机器人前沿理论及技术,对实现我国在相关领域的引进、消化、吸收和再创新具有重要价值,对培养具有国际视野的后继人才也十分关键。因此,我们组织出版了这套"海洋机器人前沿译丛",可视为"海洋机器人科学与技术丛书"的姊妹篇。

"海洋机器人前沿译丛"涵盖了海洋机器人人工智能、导航、控制、驱动、建模仿真,以及机器人伦理等多个方面的内容,反映了该领域的前沿成果。各书大部分是近几年才出版的著作,作者来自美国、德国、韩国等多个机器人科技发达国家。中国科学院沈阳自动化研究所、中国水产科学研究院东海水产研究所、中国船舶集团第七一五研究所、哈尔滨工业大学、哈尔滨工程大学、西安交通大学、西安理工大学等十余家科研机构和高等院校的教学与科研人员参与了丛书的翻译，他们熟悉海洋机器人前沿动态，具有丰富的科研及实践经验，保证了翻译的科学性、准确性。

希望这套译丛的出版，能够为推动我国海洋机器人事业的发展发挥重要作用，为我国海洋机器人科学技术的发展、创新和突破带来一些启迪和帮助，为"海洋强国"战略的实施做出新的贡献。同时，译丛是开放性的，会不断补充新书，欢迎广大读者提出好的建议，以使译丛越来越完善、发挥越来越大的作用。

中国工程院院士 封锡盛

2023 年 7 月

译 者 序

海洋占地球表面积约 70.8%，是一个富饶的资源宝库。海洋对于人类生存和发展的重大战略意义日益受到各国的普遍重视。水下机器人是可潜入水中代替或辅助人类进行水下作业的机器人，经历了从载人到无人，从直接操作、遥控、自主到混合等主要阶段，被广泛应用于海洋工程、水产养殖、科学研究等领域。新一代人工智能相关技术的迅猛发展，将大幅度提升机器人的智能化水平，水下机器人将加速进入智能化时代。

本书是施普林格出版的"智能系统、控制和自动化：科学与工程"（Intelligent Systems, Control and Automation: Science and Engineering）丛书中的一本，从水下环境面临的困难与挑战、人工智能技术在水下机器人应用领域的发展潜力等方面，立足于科学研究和工程应用，带领读者走近越来越智能化的水下机器人，以期能够更好地利用这项技术，实现对海洋资源的保护和可持续开发利用。本书的作者是来自德国人工智能研究中心（Deutsches Forschungszentrum für Künstliche Intelligenz, DFKI）的弗兰克•基希纳、希尔科•施特劳贝、丹尼尔•屈恩和尼娜•霍耶。该中心是全球重要的人工智能独立研究中心之一，在水下机器人、大规模并行嵌入式系统解决方案设计等方面经验丰富。

本书的出版得到国家重点研发计划课题（2020YFD0901202，2023YFD2401303）以及中国水产科学研究院院级基本科研业务费专项科研计划项目（2022XT0702）的资助。为了尽可能准确地表达原意，译者在翻译本书过程中查阅了大量的文献资料，对相关术语的中英文对照进行了大量仔细的核对，但仍难免存在疏漏之处，敬请广大读者不吝赐教。

译　者

上　海

2023 年 5 月

前　　言

　　数据是 21 世纪的石油：这一重要表达描述和解释了过去十年中人工智能（artificial intelligence, AI）技术所取得的令人瞩目的巨大成功。本书试图勾勒出人工智能在水下领域中的应用前景，目前这一领域几乎尚未被人工智能技术所触及，但这也为人工智能领域提供了巨大的潜力。若人工智能技术与现代机器人技术相结合，人类将会从这些应用中获得巨大的收益。

　　我们召集了来自人工智能各个领域和相关学科的专家和学者，于 2018 年 8 月 27 日至 28 日在德国不来梅（Bremen, Germany）举行了为期两天的研讨会。

　　研讨会的设想是让这些科学家面对水下技术、水下应用和海洋科学领域，来确定水下环境对人们在陆地领域已经成功地应用和开发的方法、工具和理论会产生什么样的影响。

　　在研讨会的第一部分，来自海洋科学和产业化的海洋应用领域的同行专家介绍了他们的工作，以及在海洋领域尤其是水下领域使用现有技术时所面临的挑战。

　　这让所有的参与者大开眼界，在水下环境中部署和使用即使是最简单和最稳健的机械工具也成了一项挑战，因为这通常意味着大量的准备工作、持续监控和维护。当涉及使用更复杂的机电组件甚至系统时，准备和维护的工作量会随着组件或系统的复杂度，也就是所连接的机电部件、组件或系统的数量而呈指数倍增长。其结果就是，在这种环境中进行任何活动的"价格"都会相应上涨，因为为了确保在海上尤其是水下环境中技术的安全可靠运行，唯一途径就是增加准备和维护的人工。值得注意的是，尽管规模不同，但无论是对科学研究团队还是产业化的企业来说，都面临着相同的状况。在这种情况下，如果计算一艘标准的海上维修工作船在一天内燃烧的燃料量，"价格"的概念也具有了生态学的意义。显而易见，替代性地使用现代机器人和人工智能技术会使得一天的开支大幅减少，从而减少此类作业的生态足迹。

　　本书第一部分概述了实验人员和操作人员在开展海洋科学研究或离岸项目（如石油和天然气、风力发电）时所面临的一些挑战。菲舍尔使我们了解了水下科学的世界，介绍了水下世界的美丽和脆弱，并概述了未来海洋科学使用智能水下系统的可能性。莫塔等则提供了有关水下环境的另外一种观点，他们阐述了开发水下环境中可获取的丰富资源的必要条件，因此他们将重点放在采取微创措施的必要性上，以便在不进行大规模环境介入的情况下进行开发。

本书第二部分将重点放在实现第一部分第 1 篇文章"人工智能技术面临的挑战和潜力"所假设的智能系统所需的基础技术上。这些基础技术涵盖材料科学、生产战略、模块化和可重构方法。为了满足智能系统的需求，巴赫迈尔等从材料科学的角度讨论了新兴且先进的材料和制造策略的可能性，使系统能够更强健地利用自我修复等特性，而不是只能承受恶劣的水下环境。希尔德布兰特等提出了模块化和可重构的方法，重点是改进水下系统的可用性、多功能性和部署成本。巴赫迈尔等通过深入思考设计新推进器的可能性，专注于一种与众不同然而又非常重要的技术，以更为精密和准确的方式操纵和控制水下航行器，切实反映了底层控制算法的发展潜能。另一项非常需要的基础技术是通信。尽管电磁波传播受物理学规律的限制，在水下被限制在非常窄的带宽内，面对有限的带宽，伍本等利用语义概念作为新的沟通范式，研究了通信的替代方案。最后巴尔奇等专注于未来水下机器人的另一项重要能力，他们通过给水下操纵引入新概念，将陆地作动器的设计和控制的概念拓展到水下高性能、可伸缩作动器的设计和控制上。

本书第三部分聚焦在系统功能、性能及表达环境结构和动态的发展潜力上。为了实现精确和智能操纵，费尔南德斯等分析了机器学习对水下机器人日益增加的结构复杂性进行建模和控制的发展潜力。机器人需要具备精确识别和描述环境的能力，才能有效地应用现代人工智能技术，克泽等将重点放在了这一方面，他们使用现代人工智能技术来进行环境的识别和表达。坎普曼等将重点放在水下抓取系统上，其本身是水下操纵中非常重要的子系统，强调只有拥有灵巧的操作，开发并利用创新的压力耐受传感器技术，才能实现水下机器人的自适应灵巧抓取。该领域一个极其困难的情况是对水体的系统动力学进行建模，应用数学直接法具有非常窄的适用性，因为它涉及介质性质的变化以及系统本身的动态变化。费尔南德斯等分析了深度学习技术的可能性，即使在高度复杂的机械结构的情况下，也可以近似模拟水下机器人的动力学模型。坎普曼等强调了对新传感器技术的需求，特别是利用一个早已在地面应用中建立的概念，并利用不同的模式集成起来进行更精确、更稳健、最终也更可靠的环境信息收集。

本书第四部分探讨了在实际的水下场景中集成新型智能机器人的发展潜力。弗雷泽等探索了导航尤其是在受限空间中导航的可能性。与在开阔水域中的航行不同，在受限空间内航行需要概率统计的方法来对环境和系统动力学进行建模和预测，以便进行假设的自定位和环境地图的计算。概率统计方法的一个突出缺点是它们需要训练数据才能最终收敛到最优解。而在真实世界的实际测试中，无法有效地获取这些信息。因此，为了训练和优化系统在真实世界中的性能，一个可能的方法是采用特施纳等在第三部分"水下干预分析与训练仿真框架的研究"中提出的方法。这一篇文章针对水下干预探索了仿真框架的可能性，给出了现在可用的仿真模拟工具和方法。无论我们在现实或模拟场景中进行多少训练，最终当将这些新型系统应用到海洋科学或海洋产业场景时，都需要一个验证协议来描述并在一定程度上保证系统的功能。吕特等关注了这个问题，探索新的和现有的技术来证明水下机器人系统的软件和硬件的正确性。毕竟，在水下环境中应用智能机器人时，人们不能也不想真正替换人工操作者。实际上，这些新系统将成为人工操作者的扩展工具，或将帮助他们提高所做工作的质量，或让他们做到目前无法做到的事情，或者以更少的或是没有破坏性干预的方式做一些已经在做的事情，最终它将使人工操作者能够收集到更多关于这个脆弱而又艰苦和恶劣的水下环境的信息。无论在任何情况下，人类和机器人都需要进行有效的交互，这也是基希纳等在描述关于与水下机器人系统交互的创新性技术时所关注的重点。

弗兰克·基希纳
德国不来梅
2019 年 6 月

目 录

译丛序

译者序

前言

第一部分 水下机器人：挑战与应用 ·· 1

人工智能技术面临的挑战和潜力 ·· 3

  弗兰克·基希纳

  Frank Kirchner

智能传感器技术：未来海洋科学的"必备品" ·· 16

  菲利普·菲舍尔

  Philipp Fischer

产业视角下的深海作业挑战 ·· 31

  丹尼尔·莫塔，莱昂内·安德拉德，路易斯·布雷达·马什卡雷尼亚什，
  瓦尔特·埃斯特旺·贝亚尔

  Daniel Motta, Leone Andrade, Luiz Brêda Mascarenhas and Valter E. Beal

第二部分 系统设计、动力学和控制 ··· 41

智能蒙皮——模块化和多用途船体的先进材料和制造 ··· 43

  拉尔夫·巴赫迈尔，多罗特娅·施蒂宾

  Ralf Bachmayer and Dorothea Stübing

水下航行器的模块化和可重构系统设计 ·· 51

  马克·希尔德布兰特，肯尼思·施米茨，罗尔夫·德雷克斯勒

  Marc Hildebrandt, Kenneth Schmitz and Rolf Drechsler

智能推进 ··· 61

拉尔夫·巴赫迈尔，彼得·坎普曼，赫尔曼·普莱特，
马蒂亚斯·布塞，弗兰克·基希纳
Ralf Bachmayer, Peter Kampmann, Hermann Pleteit, Matthias Busse and Frank Kirchner

自主水下航行器通信的挑战与机遇 ····················· 72

迪尔克·伍本，安德烈亚斯·肯斯根，阿赞格·乌杜加马，
阿明·德科西，安娜·弗尔斯特
Dirk Wübben, Andreas Könsgen, Asanga Udugama,
Armin Dekorsy and Anna Förster

自主水下干预的模块化水下机械手 ······················· 82

塞巴斯蒂安·巴尔奇，安德烈·科列斯尼科夫，
克里斯托夫·比斯肯斯，米蒂亚·埃基姆
Sebastian Bartsch, Andrej Kolesnikov, Christof Büskens and Mitja Echim

第三部分　环境干预和分析 ······························ 91

用于水下操纵的机器学习和动态全身控制 ············· 93

若泽·德赫亚·费尔南德斯，克里斯蒂安·奥特，比拉尔·韦贝
José de Gea Fernández, Christian Ott and Bilal Wehbe

水下抓取系统的自适应控制 ···························· 101

彼得·坎普曼，克里斯托夫·比斯肯斯，汪盛迪，
迪尔克·伍本，阿明·德科西
Peter Kampmann, Christof Büskens, Wang Shengdi,
Dirk Wübben and Armin Dekorsy

水下视觉导航和 SLAM 的挑战 ························· 108

凯文·克泽，乌多·弗雷泽
Kevin Köser and Udo Frese

用于环境地图构建和航行器导航的水下多模感知 ····· 118

彼得·坎普曼，拉尔夫·巴赫迈尔，
丹尼尔·比舍尔，沃尔弗拉姆·布加德
Peter Kampmann，Ralf Bachmayer，
Daniel Büscher and Wolfram Burgard

水下干预分析与训练仿真框架的研究 ·············· 125
　　马蒂亚斯·特施纳，加布里尔·扎克曼
　　Matthias Teschner and Gabriel Zachmann

第四部分　自主和任务规划 ·············· 133

受限空间内水下航行器自主导航的新方向 ·············· 135
　　乌多·弗雷泽，丹尼尔·比舍尔，沃尔弗拉姆·布加德
　　Udo Frese, Daniel Büscher and Wolfram Burgard

自主水下系统的验证 ·············· 146
　　克里斯托夫·吕特，妮科尔·梅戈，罗尔夫·德雷克斯勒，乌多·弗雷泽
　　Christoph Lüth, Nicole Megow, Rolf Drechsler and Udo Frese

人机直观协作的交互式战略任务管理系统 ·············· 158
　　埃尔莎·安德烈娅·基希纳，哈根·朗格尔，米夏埃尔·贝茨
　　Elsa Andrea Kirchner, Hagen Langer and Michael Beetz

第一部分
水下机器人:挑战与应用

本部分对实验人员和操作人员在开展海洋科学研究或离岸项目（如石油、天然气和风能）时面临的一些挑战进行了概述。

第1篇文章探讨人工智能技术在水下技术领域面临的挑战和潜力，其中自主性是处理未来海洋系统应用重要问题的关键因素。

第2篇文章详细阐述水下科学的世界，介绍水下世界的美丽和脆弱，并概述未来海洋科学使用智能水下系统的可能性，总结在浅水区使用最新基于信息技术（information technology, IT）的传感器技术的现状和挑战，并归纳出面临温带和极地水域沿海地区的恶劣条件时现代传感器技术的主要缺点和"陷阱"。在世界沿海地区50m以浅的浅海区，阳光能够穿透到海底，产生高度多样化的底栖群落，这里是海洋生物的基线，与海洋生物补充量、生物生产量和生物多样性息息相关。

第3篇文章通过阐述开发水下环境中可获取的丰富资源所需的必要条件，提供关于水下环境的另一种观点，将重点放在采取微创措施的必要性上，以便在不进行大规模环境干预的情况下进行开发。各行各业都在不断寻找新的技术，在保证盈利和安全的同时，使业务对环境更加友好。为了提高技术成熟度及其普遍适用性，本文作者讨论环境技术所面临的挑战，并提出一个多学科综合性战略性长期计划。

人工智能技术面临的挑战和潜力

弗兰克·基希纳

Frank Kirchner

摘要 正如乔克利和伊曼纽尔在文献[1]中所指出的那样,人工智能(AI)近年来在人脸识别、自然语言理解和生成以及肿瘤分类、心力衰竭预测甚至抑郁症诊断等医学领域取得了多项成就,从而备受关注。目前人工智能技术的应用领域正在以各种形式和形态迅速扩展到制药、金融和安全领域。上述所有领域的共同点是,人们可以基于海量数据统计分析,应用特定的人工智能技术。这些就是所谓的数据驱动的机器学习技术,随着可用于统计分析的数据量的增加,其性能呈指数级提升。这让人们很容易忽略,人工智能实际上是一个更广泛的领域,可以追溯到20世纪初,当时来自更广泛的学科领域的科学家专注于智力行为的建模问题。这一领域的一个重要参与者是艾伦·图灵,他之所以被这个问题所吸引,是因为他本人在计算理论领域的研究成果使得图灵机成为计算函数(computable function)的一种可通用机制/理论。因此,他才会开始考虑并不属于上述类别的一系列功能,然后从中迈出一小步来讨论智能以及潜在的机制。图1描绘了人工智能的起源,人工智能处于一系列学科的中间位置,从工程学以及通过计算机科学关联的机械电子工程,到认知科学、神经科学和生物学,甚至语言学和心理学等学科,人工智能处于一系列学科的中间位置。因此,对应用而言,尤其是对像水下领域那样需要高度自主化的应用来说,人工智能是一个非常令人感兴趣的领域。

F. Kirchner (通信作者)

DFKI GmbH, Robert-Hooke-Str. 1, D-28359 Bremen, Germany(德国人工智能研究中心,罗伯特-胡克街1号,不来梅,德国,D-28359)

e-mail: frank.kirchner@dfki.de

© Springer Nature Switzerland AG 2020

F. Kirchner et al. (eds.), *AI Technology for Underwater Robots*,

Intelligent Systems, Control and Automation: Science and Engineering (ISCA, volume 96),

https://doi.org/10.1007/978-3-030-30683-0_1

| 水下机器人的人工智能技术 |

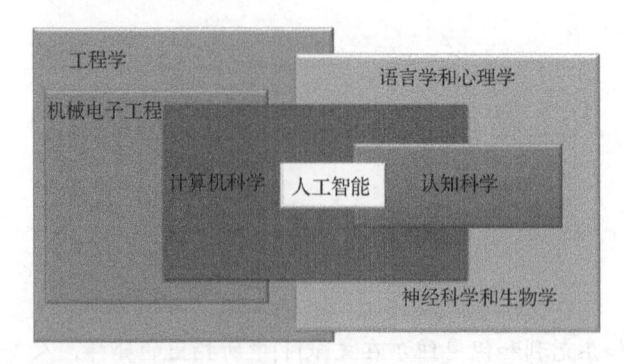

图 1　人工智能作为工程学和认知科学之间的连接，试图在技术系统中实现智能的功能

人工智能和机器人的案例

在水下技术领域中，自主性是未来海洋系统成功应用的关键因素。对人类而言，海洋尤其是海底，在很大程度上仍然是一个未知的王国。正如之前多次指出的那样，人们对海洋底部的了解比对火星表面的了解还要少得多。另外，非常明显，人类确实需要海洋提供的资源，从能源到稀土矿物，再到支撑所谓的未来 20 年内就会达到的 90 亿人口的食物。这些资源规模巨大且丰富多样。然而，如果人们接受需要这些资源的事实，也必须接受这样一个事实，即必须确保以能为子孙后代留存这些资源的方式来利用自然资源，因此需要技术来保证海洋作为人类重要资源的可持续开发（图 2）。

图 2　一项在港口和其他受限海洋环境中收集漂浮废物的
自主机器人研究——食垃圾鲨

（编辑注：扫封底二维码查看彩图）

人们已经掌握了大量的人工智能和机器人技术，可以用来实现对海洋资源的可持续开发。但是这些技术必须通过进一步的扩大和发展才能真正适用于水下应用领域。

这种扩大和发展将对当前的人工智能和机器人技术与方法提出一些必须严肃对待的研究问题。这些问题的解决方案将不仅能扩展人工智能和机器人技术，而且实际上它将让人们形成新的研究方向，从而也回答了一些关于人工智能自身前景的紧迫问题（图 3 和图 4）。

图 3　一项由德国人工智能研究中心机器人创新中心设计
　　　建造的水下移动操纵系统 Sherpa-UW
　　　（编辑注：扫封底二维码查看彩图）

图 4　由德国人工智能研究中心和巴西国家工业技能培训服务中心
　　　萨尔瓦多分中心合作设计建造的自主水下航行器"比目鱼"[2]
　　　（编辑注：扫封底二维码查看彩图）

| 水下机器人的人工智能技术 |

如果查看水下生产场地可持续开发生命周期（图 5），就可以概括出生命周期的每个阶段对智能支持技术的需求。在典型的离岸生产项目的勘测探查阶段，需要使用智能的特别是自主的机器人系统，因为该系统能够使用更少的能源消耗，收集到更高质量的数据来确定合适的地点。与典型的有缆遥控潜水器（remotely operated vehicle, ROV）相比，自主系统所需的水面支持要少许多，因此可以显著减小水面舰船的尺寸并降低船员人数，从而降低勘探成本。需要注意的是，勘探成本的降低也意味着生态足迹的减少。同时与 ROV 相比，由于智能机器人能够在相同的时间内明显地增加采集到的样本数据，因而可以提高数据质量。这是在形式化规划和执行控制领域中应用人工智能技术进行智能路径和任务规划必然产生的结果[3]。

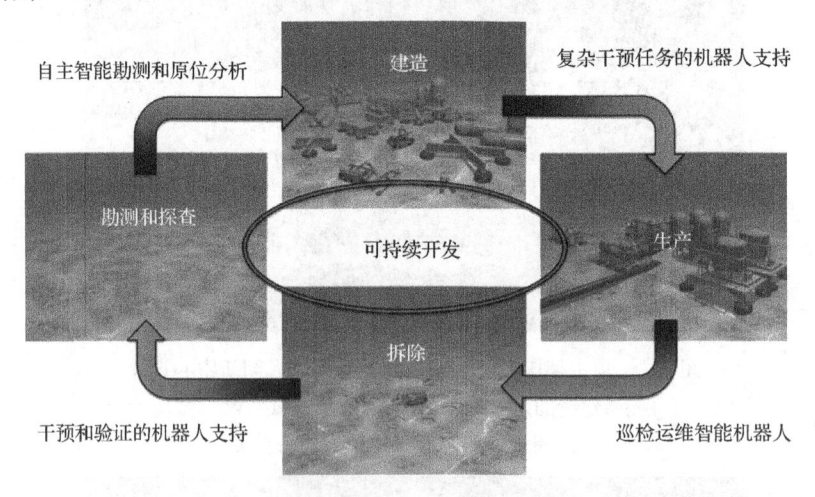

图 5　水下生产场地可持续开发生命周期

（编辑注：扫封底二维码查看彩图）

假如未来机器人系统能够具有机载原位采样和机载实时分析能力，人们将能够进一步优化勘测探查任务，因为这样可以更好更快地预测站点的适宜性。这种能力源自能够在高性能计算设备部署使用数据驱动的深度神经网络技术。与此同时，系统将能够使用数据分析方法来确定环境参数，例如场地的生物多样性和生态价值，而在当前的方法中，这些参数不必加入评价指定地点是否适合生产的模型中。而且，当下如果要获得这些参数，通常也只能在几周或几个月后另一个单独的任务中才能获得，这将使用额外的水面船只和水下设备，从而再次增加生态足迹。智能机器人技术可以在单次扫描中完成这项工作且具有更高的精度，而由于人类更容易疲劳且视觉检查也更容易出错，因此其完成的质量要比人工操作者更好。

像这种生产阶段会持续 30 多年的项目，基于人工智能技术的智能机器人系统可以极大地提高生产现场的安全性。未来的智能机器人系统可以驻留在水下,这意味着它们一旦部署就会在场地停留数月甚至数年。这绝非空谈,因为站点要么可以产生能源,要么可以连接能源,连接到一种可以实现水下电力供应和数据交换的设施(潜水器车间)。现代概率导航技术将使机器人能够自主找到通往潜水器车间的路,它们可以随时充电并使用与潜水器车间的物理连接来与调度中心建立高带宽的通信链路。该通信链路可用来上传系统在其任务期间所获得的信息,并接收下一次考察的新任务参数。需要注意的是,调度中心实际上可以位于地球上的任何地方,因为它可以通过水面浮标使用卫星通信链路,或是使用通过水下电缆连接到生产场地或科学实验地点的陆上设施。不只是陆上操作者接收到的数据量将大大增加,而且数据的质量以及完整性监控的质量相对于现在的标准也将大幅提高。这些系统将使用现代 3D 重构技术,这些技术基于地面系统的人工智能方法,如从运动信息中恢复 3D 场景结构[4]、3D 视觉,以及多模式(激光和超声波)扫描技术[5]以便对水下装置进行完美 3D 重构。这样即使是最小的结构变形或机械部件的缺陷,也可以在它们可能产生严重问题之前被展现出来(图 6)。

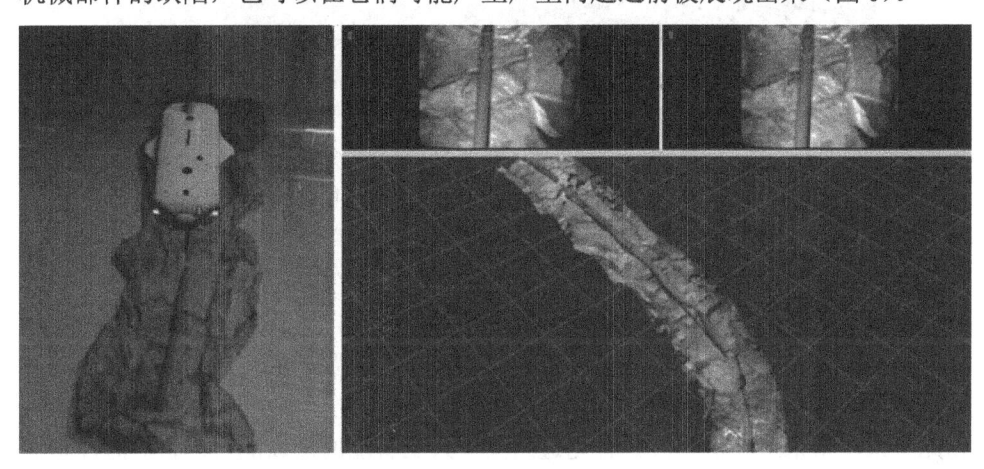

图 6 "比目鱼"机器人在执行 3D 重构任务(左)、
水下管道 3D 模型扫描结果(右)
(编辑注:扫封底二维码查看彩图)

同时,深度神经网络实际上能够自主识别未来可能存在危险的点位,这样操作人员就不需要花费数小时盯着视频材料来识别这些点位。事实上,人们可以利用现代机器学习和人工智能技术来预测故障的发生。这种技术被称为预测性维护,已经在如今的列车系统中得到了应用[6],降低成本(生态足迹)的同时还提高了安全性。

此外,当水下机器人系统在水底常驻时,陆上设施中的操作员可以在线命令

| 水下机器人的人工智能技术 |

机器人前往特定地点,并实时提供真实的 3D 重构图像,这实际上允许操作员通过水下设施观察到也许是数千英里之外或水面以下数千英尺的情况。如果操作员观察到出现对设施存在逼近的威胁时,他可能希望通过干预任务来防止更严重的事情发生。这意味着必须关闭阀门或转动手柄。未来的水下机器人系统将配备支持人工智能的机械手技术,这将使操作员能够以多模态的方式做到这一点。在这种情况下,多模态是指操作员不仅能够看到和听到正在发生的事情,而且还能够感觉到它,操作员将可以使用触觉反馈。正如所有试图在螺栓上拧紧螺母的人都可以体会到的那样,触觉反馈是人类控制的操作任务中所需的关键信息[7]。请注意,人们可以在受监督的自主模式下运行系统。在这种模式下,系统自主运行许多任务,但如果需要,这些任务可以由人工操作者重写(图 7)。

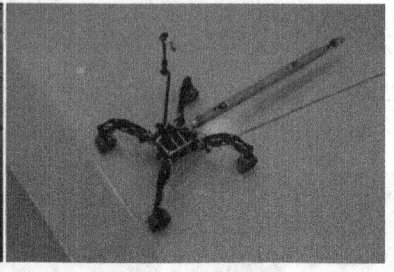

图 7 水下机器人 Leng
(编辑注:扫封底二维码查看彩图)

该系统实际上是一项探索地外海洋深度的研究(德国航天局的研究),但已被用于模拟多机器人场景。右图显示了机器人 Leng 与机器人 Sherpa-UW 对接,试图交换大量数据,因为在水中通过无线电链路进行数据交换是低效的

在水下生产场地可持续开发生命周期的第三阶段,需要拆除场地。这是实际需要大规模干预的阶段。设施需要被拆分,有可能需要把材料从一个地方运到另一个地方,也有可能需要将材料升起来放进运输桶中便于在水面上回收这些材料。如此一来,未来水下机器人具有先进的基于人工智能的操纵能力,将对海洋资源总体上可持续性的水下开发起到至关重要的作用。首先需要说明的是,目前水下操控技术实际上非常粗糙。在大多数情况下,使用重型液压机械手,它们具有巨大的力量,但缺少智慧。

实际上,"智慧"完全存在于水面舰艇上的人类操作员身上,他们通过电缆连接对系统进行远程操作。简单地连接一个插头通常需要培训人类操作员多年,同时还需要数个操作员轮换班次进行操作(由于疲劳的原因)[7](图 8)。

现代水下机器人将能够使用其先进的人工智能方法进行环境表达,以获得要处理的结构和物件的高精度 3D 再现。现代水下机器人将拥有操纵器和抓手,这些机械手不仅在结构上能够实际执行灵巧和精细的操作和抓取任务,而且还提供运行算法的计算能力,使机械手能够随着时间的推移改进操作和抓取技术,因为它们可以使用机器学习技术从以前的例子中学习。这些系统实际上不需要为剪应力而付出精度代价，因为它们可以确定抓取物体的最佳方式，甚至可以保持稳定的抓握，而不是通过施加更大的力来挤压物体。

图 8　来自美国希林机器人（Shilling Robotics）公司的标准工业级机械臂在自主物体识别和抓取任务中重新编程并配备了触觉抓手和摄像头

（编辑注：扫封底二维码查看彩图）

这些系统的操作方式更像是人类通过移动手柄或调整手中物体的质心来处理任务。事实上，当两个或两个以上这样的机器人使用多智能体系统的人工智能技术[8]以一种智能和任务导向的方式来协调它们的工作和协作时，它们将能够以一个团队的形式处理非常大的物体。

总结当前水下应用要改进的方面，简单列举如下。
- 智能操控
- 用于水下生产设施中更换组件、关闭连接器、插拔操作等的系统
- 模块化的双臂操纵系统
- 智能处理系统/智能交换系统或智能处理过程/智能交换过程
- 智能移动
- 微小干预式操作
- 运动概念：步行、重新配置
- 用于处理重负载的半自主平台
- 海表的运动（海况）补偿
- 感知（智能感知）
- 移动传感器载体和规划组件

| 水下机器人的人工智能技术 |

- 用于导航能力增强的声学和视觉传感器信息组合
- 物理上尽可能正确的水下环境模拟
- 以人为本的人工智能
- 基于人工智能的勘探规划
- 多系统生产场所的基于人工智能的管理系统
- 多模式人机交互

水下环境将有助于改进人工智能和机器人

正如前文所指出的，人工智能和机器人技术显然可以通过多种方式提高水下系统的性能，从而有助于设计关于海洋科学、海上能源生产和海洋农业的应用解决方案。在水下环境中应用这些新技术，随之而来的是这将使人们能够以可持续的方式开发海洋资源，并为子孙后代留存这些资源。

其实，海洋研究和海洋产业与人工智能和机器人技术的发展之间的联系比乍看之下要大得多：水下环境技术所面临的特定挑战要求解决人工智能和机器人行业内的许多关键问题，如下文所述。

表1列举了水下机器人系统在多个技术领域面临的挑战。正如第1列中所指出，实际上技术发展的方方面面都被触及到了：从系统物理结构的设计和构造——它不得不承受巨大的压力，这些压力大得几乎要粉碎每一个要承受它的硬件，到它在稠密介质中的移动方式——这会给系统施加很难承受的力，在最坏的情况下是无法承受的力。此外，由于水下环境中包含着地面系统未知的噪声和障碍物，在陆地应用中系统使用强大的传感器从而通过视觉来感知环境的方式在水下环境中受到了严重削弱。水下无线通信在很大程度上是不可行的，导航技术没有办法进行全球参考（global references），这些都将对自主性的需求增加到通常地面应用乃至空间应用中都不需要达到的水平。

表1 水下环境中人工智能技术所面临的挑战

技术领域	挑战
设计和建造	极端压力（充气、油补偿）
移动	浮力、阻力、海流
视觉（传感器输入、图像处理）	沉积物、海洋雪、畸变、黑暗
通信（无线）	窄带宽，甚至没有带宽
导航	缺少全球导航系统，声学，视觉
控制	半自主或自主

译者注：海洋雪是指海洋中动植物的残骸和其他物质等形成的颗粒碎片或碎末，很多是白色的，从海面落向海底就像下雪一样。

为了归纳出在水下环境中应用人工智能和机器人技术进行有效工作时亟待解决的问题，以下面的形式总结最相关的研究领域。
- 系统设计
  - 中压的压力设计，防腐蚀，防污垢（译者注：压力容器的设计压力，中压为 $1.6MPa \leqslant p < 10.0MPa$）
  - 电子插槽和电池存储需要找到新的设计方法
  - 冗余的分布式数据流系统
- 传感器设计和数据分析
  - 传感器融合滤波器（卡尔曼滤波器以外的滤波器）
  - 流式数据机器学习
  - 地磁制图/定位
- 通信
  - 深海数据的地理参考
  - 如何穿过10km的水体进行定位
  - 语义压缩
- 系统架构
  - 长期的自主系统
  - 自主系统的学习与适应
  - 自主系统间的协作
  - 多航行器间的协作
- 智能的移动和操控
  - 自主操控/干预
- 人机交互和任务规划

如果人工智能和机器人研究将从水下技术的应用中汲取到一个经验的话，那就是必须从整体的角度看待基于人工智能的机器人。在这些系统中，关注系统硬件与关注控制硬件的软件同等重要。事实上，与任何地面应用相比，两者的边界将更加模糊。经常在地面应用中使用的术语"硬件软件协同设计"将成为一个强制性的成功准则。在任何其他领域，环境都不会像在水下世界中那样严重影响系统的工作。与地面已知的影响相比，生物附着和腐蚀对硬件性能的影响要快10倍。生物附着会使得海藻和贻贝覆盖整个系统，并会完全改变航行器的流体动力学特性（图9）。

图9　Sherpa-UW 机器人在执行移动操作任务

（编辑注：扫封底二维码查看彩图）

该系统自动导航到目标（海上石油和天然气装置）并使用抓取系统

（照片上的系统额定水深为 6km）来操纵装置上的手柄

因此，部署前试验中确定的水动力参数将会很快变得不再适用。如果控制软件可以通过应用学习算法来考虑这一点，那么这将是解决这一问题的一种办法。最重要的是要知道哪些状况发生了变化，以便让自适应算法或是学习算法知道它，从而调整或学习。因此，对这些技术来说，自我监控甚至是系统的某种自我感知将是绝对必要的。如今，陆地领域的概率导航运行得非常好，因为依靠全球参考信号的方法通常可以重新校准和纠正累积的位置和姿势误差[9]。

然而，海洋环境中并没有全球参考系统可供使用［卫星全球定位系统（global positioning system, GPS）信号不会进入水中］，因此机器人的导航和自定位系统必须能够应对没有这种支持的情况来进行精确导航。这里只是举几个例子来说明海洋环境会带来的更多挑战。

使问题变得棘手的是，人们正着眼于一长串能力组合，如果仔细地研究这一问题，排除看似尚未解决的单个特征是不可能的，因为解决方案隐藏在学习能力和其组合中。为了应用概率导航，需要考虑水动力参数，而如果没有自学习或自适应的移动控制，就不会有导航和自定位。想要自学习或自适应，就必须有一个不能被分割开的自我监测系统，它甚至不能被定制为仅监测系统的一些参数，因为它们都是相关联的。仅对机器人的水动力学进行自我监测，而不对那些实时获取水动力学参数的传感器状态进行监测是不够的。然而，监测传感器状态的传感器也必须被监控。与其安装另一个传感器，不如给系统提供一种长期性能的测量和学习的方法，通过分析系统生成的所有可能的信息来学习识别特定传感器或特定类别传感器的失灵或是性能下降，这也将是更好的方法。如此，人们更接近于讨论某种早期的自我感知形式，而不仅仅是自我监控[10]（图10）。

图 10 Sherpa-UW 机器人使用摄像头进行自检
（编辑注：扫封底二维码查看彩图）

执行长期任务的自主系统必须有能力来识别或是预测硬件方面的故障或缺陷，
以便在导航和操作任务期间解决这些问题

在技术系统中，自我感知需要一个能够有效地实现这种策略的架构模型。然而，这些模型不是简单的开启/关闭式系统（turn-on/turn-off systems）。相反，这些架构必须考虑到机器人将在这样的环境中运行数月或数年，因此人们需要应用一种新型架构，使其有办法在较长时间里形成记忆甚至遗忘。

没有半人工智能（half AI）机器人系统可以应用到这个领域。要么拥有全系列，要么什么也没有。人工智能和机器人研究以前从未受到过这样的挑战。

对机器人学和人工智能而言，人们将意识到不应该再称它为机器人学和人工智能，而应该只称它为机器人学。没有人工智能的机器人让人想起遥远的过去：当时运用自动化技术组装汽车时，没有传感器，也没有环境感知；当时人工智能只是被一些理论家试图用来在国际象棋对局中击败人类。而人们现在已处于不一样的阶段，已经跨越了系统和软件之间的界限，人们必须认识到智能是身体和头脑的机能，而水下世界在这一行业的极限处画上了一个大大的感叹号。

结 束 语

本书汇集了来自人工智能研究不同分支以及不同研究领域中具有不同专业知识的科学家,讨论了人工智能技术应用于水下机器人的可能性、挑战以及已有人工智能应用中潜在的经验和教训。本书的目标不是为水下机器人领域各方面以及所面临的挑战提供现成制定好的解决方案,而是识别问题和挑战,并开始将人工智能技术引入水下机器人领域。在许多章节中,引入人工智能技术的潜力是非常明显的,可以用直截了当的方式来处理。因此,有关导航、传感器数据分析、目标识别和状态/系统参数预测的章节都是人工智能技术应用的重点。

在系统和组件设计的章节中,解释如何应用人工智能技术似乎有些困难,而且在任务和场景的章节中也是如此,因为所需的不仅是将现有的人工智能技术直接简单应用。在系统设计领域,人工智能技术可应用的方面有优化设计、最小化能量或重量、优化其他系统参数等。然而,人工智能研究的真正价值和益处来自这样一个事实,即系统或组件本身必须被视为人工智能的一部分,通过具体的设计,甚至是选择用于制造组件的特定材料,来定义其特征和潜力,并最终对由人工智能技术最后所实现的结果产生巨大影响。因此,从那些描述存在最大问题的章节中所得到的具体经验教训指明了人工智能研究未来的研究方向。对任务和场景的章节来说也是如此。这里面临的首要困难在于必须理解如何将人类融入这些场景。人们很容易认为系统是完全自主的,在没有人工干预的情况下以最优的方式执行任务。然而,情况并非如此,因为总是需要人工干预,因此人类与机器人之间的融合和任务分配或共享的自主化方法被证明是水下机器人领域人工智能的主要门槛。

如果只是关注通过机器学习从例子中学习的简单的或是直接应用的情况,例如学习复杂运动学的控制或是学习系统动力学,特别是流体动力学,似乎很容易普遍地忽略水下领域给人工智能领域带来的反馈。事实上,这种影响比乍一看要强烈得多。与其仅仅将人工智能算法或工具应用到给定的问题上,更主要的挑战是将衍生的解决方案一揽子集成起来。

这意味着,如果只是直接简单应用机器学习算法来识别,例如一个给定的水下机器人的流体动力学,那么这个解决方案是无用的,或是如果通过机器学习得到的模型的力量只是用在直接导航和控制上而没被包括在总体任务规划中,使用流体动力学模型作为参数提供者来计算如何最大限度地减少能源消耗,或是在人机共享自主任务中识别交接点,那么它的潜力也是被浪费了……

人们已吸取的经验教训是,在水下系统这个领域中亟待解决的问题是人工智能的集成问题,这个结论可以作为本书工作的结束语。有人可能会争辩说,这适用于人工智能的所有应用领域,但事实如下。

（1）这是不对的。在大多数应用程序中，只需要针对特定问题提出解决方案，并不在意集成最终的研究结果，因为这是根本不需要的或不被要求的……

（2）没有考虑这个领域真正的本质，因为水下领域是极具挑战性的环境，事实上是严酷恶劣的环境，因此，无论是硬件设计还是软件设计，对每个设计决策都必须根据整体系统性能及其长期自主的潜力或能力进行评估……

总之，这个领域迫使人工智能研究人员忘记将硬件与软件设计分开的传统方法，并真正将其合并成一个设计步骤。不仅如此，这个领域还迫使人们抛弃另一种传统的计算机科学范式，即系统执行特定任务然后需要进入空闲模式或被关闭的范式。这个领域实际上需要的是如作者所述"永不关闭系统"，这是长期自主系统的另一种说法。这些系统需要有一个能够让它们不断学习和记忆经验的框架，这样它们就可以在以后的情况下使用这些经验，最后针对系统需要把更多的重点放在如何组织知识上而不是如何获取新知识。原因是，对自主的水下常驻航行器来说，不可能通过用一百万个管道外观示例来识别管道，而必须用在单次拍摄中完成的最少的数据点而不是采集数百万个数据点。因此，当前广泛使用的数据驱动学习算法对于面临从未经历过的新情况的自主水下航行器（autonomous underwater vehicle, AUV）毫无用处。这意味着水下领域迫使我们重新思考人工智能。为了找到新的甚至前所未见的方法，指出这一挑战并激发一些研究人工智能的人员投身于这一事业的愿望和决心，这也是编写本书的初衷。

参 考 文 献

[1] Chockley K, Emanuel E (2016) The end of radiology? Three threats to the future practice of radiology. J Am Coll Radiol 13(12):1415-1420. https://doi.org/10.1016/j.jacr.2016.07.010. ISSN 1546-1440. PMID 27652572

[2] Albiez J, Joyeux S, Gaudig C, Hilljegerdes J, Kroffke S, Schoo C, Arnold S, Mimoso G, Alcantara P, Saback R, Britto J, Cesar D, Neves G, Watanabe T, Paranhos P M, Reis M, Kirchner F (2015) Flatfish—a compact subsea-resident inspection AUV. In: OCEANS'15 MTS/IEEE Washington, (OCEANS-2015), 19-22 Oct 2015, Washington, IEEE, 2016, pp 1-8. ISBN: 978-0-9339-5743-5

[3] Russell S J, Norvig P (2003) Artificial intelligence: a modern approach, 2nd ed, Upper Saddle River. Prentice Hall, New Jersey. ISBN 0-13-790395-2

[4] Dellaert F, Seitz S, Thorpe C, Thrun S (2000) Structure from motion without correspondence (PDF). In: Proceedings IEEE conference on computer vision and pattern recognition

[5] United States Patent, Bruce et al (2014) PatentNo: US8,848,201B1, Sep 30

[6] Gouriveau R, Medjaher K, Zerhouni N (2016) From prognostics and health systems management to predictive maintenance 1: monitoring and prognostics. ISTE Ltd., and Wiley. ISBN 978-1-84821-937-3

[7] Spennenberg D, Albiez J, Kirchner F, Kerdels J, Fechner S (2007) C-Manipulator: an autonomous dual manipulator project for underwater inspection and maintenance. In: Ocean engineering, vol 4, January 2007

[8] Albrecht S, Stone P (2017) Multiagent learning: foundations and recent trends. In: Tutorial at IJCAI-17 conference

[9] Thrun S, Burgard W et al (2005) Probabilistic robotics: intelligent robotics and autonomous agents. The MIT Press

[10] Graziano M (2013) Consciousness and the social brain. Oxford University Press. ISBN 978-0-1999-2864-4

智能传感器技术：未来海洋科学的"必备品"

菲利普·菲舍尔
Philipp Fischer

摘要 本文介绍了长期安装在北海南部沿海水域和斯瓦尔巴群岛极地峡湾中的全遥控海洋传感器和实验设施"孔斯峡湾"（Kongsfjorden）系统在 2012 年至 2018 年六年期间的运行经验，总结了在浅水区中应用最先进的基于 IT 的传感器技术的实际状况和挑战，以及当面临温带和极地水域沿海地区的恶劣条件时现代传感器技术的主要缺点和"陷阱"。本文还特别关注了亥姆霍兹极地和海洋研究中心阿尔弗雷德·魏格纳研究所[Alfred Wegener Institute（AWI）Helmholtz Centre for Polar and Marine Research]和亥姆霍兹材料和海岸研究中心（Helmholtz-Zentrum Geesthacht, HZG）在北海南部和北冰洋地区共同运行的北海和北冰洋沿海观测系统（The Coastal Observing System for Northern and Arctic Seas, COSYNA）及地球系统模块化观测解决方案项目（Modular Observation Solutions for Earth Systems, MOSES）[1,2]。

引　言

通常提起作业用的海洋传感器，经常想到的是从船舶上垂降下的传感器或安装在无须系缆的 AUV 或有缆遥控的 ROV 上的传感器，这种 ROV 通过操纵电缆提供电力及进行数据传输，可以在开阔的海洋中下潜到深水工作数小时至数天。

就生物学和海洋学而言，特别是对与气候变化相关的实际研究重点来说，沿海地区尤其是浅海水域与开阔海洋一样重要。尽管该区域不到世界海洋的 10%，但海洋生物补充量、生物生产量和生物多样性与世界沿海地区 50m 以浅的浅水区

P. Fischer（通信作者）

Alfred Wegener Institute, Helmholtz Centre for Polar and Marine Research, Bremerhaven, Germany（亥姆霍兹极地和海洋研究中心阿尔弗雷德·魏格纳研究所，不来梅港，德国）

e-mail: Philipp.Fischer@awi.de

© Springer Nature Switzerland AG 2020

F. Kirchner et al. (eds.), *AI Technology for Underwater Robots*,

Intelligent Systems, Control and Automation: Science and Engineering (ISCA volume 96),

https://doi.org/10.1007/978-3-030-30683-0_2

有很大的关系。在这里光线可以穿透到底部，从而产生高度多样化的底栖生物群落，是海洋生物的基线。许多海洋物种（如鱼类）即使在生命阶段后期完全生活在远洋，在生命阶段早期也或多或少有一个时间阶段在沿海水域生活。术语"阶段性浮游生物"（meroplankton）就是专门描述这一类海洋浮游群落的，其中相当一部分群落是依赖底栖生境的，而绝大多数主要生活在沿海的浅水区。此外，沿海栖息地越来越多地被人类利用。资源被严重开发，水域被大量用于货物运输，海岸带越来越多地被用于风能发电。80%以上的人类生活在距离海岸线 100km 以内的地方，为了保护人口稠密的地区免遭风暴潮及通常与气候变化相关的洪水的威胁，沿海地区被进行了人为改造。因此，在功能要素上了解沿海海域，不仅对海洋生物至关重要，而且对未来人类社会经济的可持续发展也至关重要。

此外，研究沿海浅水环境，尤其是温带和极地地区的沿海浅水环境，通常不只是面临着此种生态系统复杂性的挑战，而且其中许多地区的特点是高能量环境（high energy environment），即在一年中有很长时间处于恶劣的天气条件（图1）。

图1 正常情况下的北海（左）和孔斯峡湾（右）
（编辑注：扫封底二维码查看彩图）

举例来说，北海是北半球最具生产力的沿海水体，在生态上和经济上极其重要[3]，北海的特点是平均风速约为 10m/s，每年 300 多天风速超过蒲福风级 5bft[图2是根据联邦海事和水文局（Bundesamt für Seeschifffahrt und Hydrograpie, BSH）的统计结果画的图]。

如此恶劣的天气条件严重减少了可进行实地测量和海洋学或生物原位评估的天数。尤其是在温带和极地沿海地区，那里不仅常常天气很差，而且温度很低或光线不足，因此高强度的现场工作非常受限，特别是对于小型研究船的现场工作。

在相关时期保证监测在线的重要意义

图3 显示了在对生态系统进行采样时的另一个典型现象。如图所示，该图（红线）是每日周期内浮游生物种群变化的时间模式，每天群落都存在着丰度的最大

| 水下机器人的人工智能技术 |

值和最小值,可能在夜间达到最大值,在白天达到最小值。

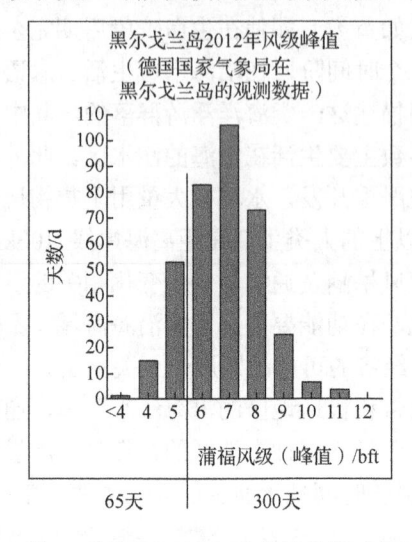

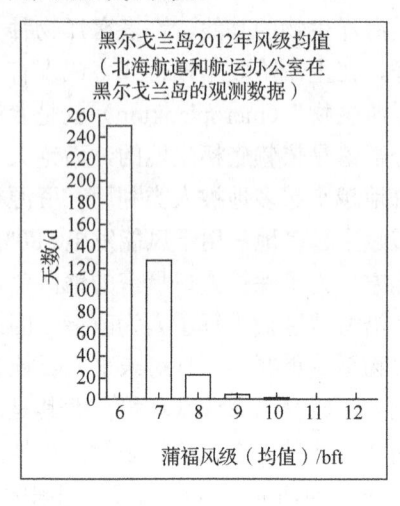

图2 北海2012年风力统计数据[显示的是蒲福风级(bft)对应的统计天数]

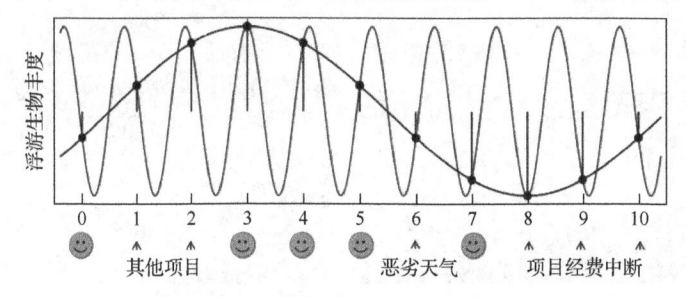

图3 奈奎斯特采样定理:以"错误"频率采样真实世界
情况(红色)时的别名采样(蓝色)

(编辑注:扫封底二维码查看彩图)

图3中,蓝色曲线显示的是如果每天对群落采样一次会发生的情况。每天对群落采样一次会在样本中得到一个规则的和完美的正弦曲线,但是这种正弦曲线与生物体的真实波动无关。这被称为"别名采样"(alias sampling),可以用奈奎斯特定理(Nyquist theorem)描述,即以至少是真实时间模式发生的两倍频率对该群落进行采样时,才能检测到该群落中的某个时间模式。在现实世界中,情况更为严重,因为人们常常无法保证像蓝线所示这样的常规采样频率。图3显示,在第一天(译者注:横坐标为0的日期为第一天,依次类推),采样是成功的。第二天和第三天,这艘船被另一个项目预订了。第四天到第六天,可以出海,但第七天天气条件太差了。然后,在第九天,本来可以继续采集样本,但从那天起,没有再获批经费了。总共只有五个样本可用。基于这些数据,没有机会发现别名采样

模式背后的真正模式。这意味着如果想发现真正模式，将不得不更频繁地进行采样。从数学上讲，采样方案的力度远远不够，还没有达到充分采样。

然而与公海开阔大洋海域相比，沿海地区数据缺乏的现象更为严重。在远洋深海生态系统中，优秀的模型和透彻细致的预测研究能力可用于计算和预测大尺度上海洋动力学与水体中相关动植物之间的功能关系，但这些能力在沿海地区受到非常多的限制。沿海生态系统在空间和时间上高度多样化，不同的"生态系统"（硬质海底、海草草甸等）通常位于同一区域，但作为独立的"功能单元"发挥作用。因此，要想了解沿海过程和生态系统功能，通常意味着不仅要在单个采样活动中，而且要在更长的时间段内，以及在不同的环境和水文条件下评估众多相互作用的环境变量。因此，对浅层沿海水域综合过程的理解依赖于能否获取相对较高时间和空间分辨率的数据。然而，沿海监测项目缺少足够多的船只作业巡航时间，或巡航调查受到恶劣天气条件的影响，导致最后根本无法得到足够高时间和空间分辨率的基于科学量测的覆盖海岸线的格网站位数据。

有线水下观测台技术的最新进展

由于人们需要获取更好、更可靠的数据去覆盖世界上的许多海岸线，水下观测台技术在过去几十年中得到了发展[4]。这些观测台大多数安置在深海[5]，例如蒙特雷加速研究系统（Monterey Accelerated Research System, MARS）（https://www.mbari.org/at-sea/cabled-observatory/）、维多利亚海底实验网络（Victoria Experimental Network Under the Sea, VENUS）[6]、东北太平洋时间序列海底联网试验（North-East Pacific Time-series Undersea Networked Experiments, NEPTUNE）[5]或ALOHA[7, 8]。其中少数观测台为浅水应用而设计，例如位于爱尔兰戈尔韦湾（Galway Bay）约22m水深的电缆观测站"SmartBay"（https://www.smartbay.ie），大西洋约18m水深的EMSO-Molène电缆观测站（https://www.emso-fr.org/fr/EMSO-Molene/ Infrastructure），地中海约21m 水深的观测台 EMSO-Nice（https://www.emso-fr.org/fr/EMSO-Molene/Infrastructure）和20m水深的OBSEA观测台（https://www.upc.edu/cdsarti/OBSEA/about/overview.php）。

毫无疑问，遥控有线水下观测台是一项即将应用的技术，可以对基于船只的密集采样活动进行非常好的补充，尤其是在沿海浅水地区。从海洋的角度来看，在海岸区域，海洋学和生物学的复杂性通常会增加数个数量级，大多数模型由于缺乏预报和回报能力，都将浅海沿岸地区排除在外。为了增加现代海洋学和生物模型对海岸线的渗透深度和预测能力，海岸模型中通常包含数据同化程序，允许模型读取真实的实时或近实时传感器数据。然而这些程序需要全年运行的站点来提供准确和精确的传感器数据。

连续水下观测站技术的经验

为了在海岸带研究中更好地利用和集成现代 IT，本节将从不同角度描述基础设施和技术开发方面的经验和未来需求。

在解决沿海科学技术发展方面的主要需求和挑战之前，最重要的是克服海洋环境本身对这些技术发展的影响。过去几年的经验清楚地表明，许多技术高端的传感器在实验室和短期测试条件下都可以正常工作，但在长期运行时会失灵，特别是在那些环境条件恶劣的沿海区域。当传感器或是任何其他科学装置应用于在一年中较长时间内无法直接进入的区域（如极地或深海区域）进行远程控制实验时，长时间稳定可靠的运行尤其重要。然而遗憾的是，在德国和其他欧洲国家水域内几乎没有可用的现场测试地点来在现实条件下对海上水下技术进行更长时间、彻底的测试。

为了克服海上传感器技术缺少测试设施的问题，AWI 与 HZG 于 2010 年在北海南部黑尔戈兰岛以北建立了一个名为 "MarGate" [2] 的水下试验场。

该水下试验场位于北纬 54°11.00′、东经 07°52.00′（WGS84），黑尔戈兰岛以北约 500m 处，水深 5～10m（取决于潮汐），场地大小约为 300m×100m。它最初被设计为一个研究站点，用于研究人工海岸保护结构对底栖鱼类和大型无脊椎动物群落的影响[3,9-12]。这个正在进行的试验场科学项目，含有用作人工测试结构的 6 个 2.5m 高的透水框架（四足混凝土防波堤），透水框架分别布设在 5m 水深和 10m 水深（在德国 HC Hagemann Hamburg 建筑公司的支持下）。2012 年夏天，MarGate 水下试验场在北冰洋海岸观测站框架内开发安装了德国第一个水下节点系统，从而实现了重大升级。自 2017 年以来，该试验场成为地球系统模块化观测解决方案项目的一部分。如今，该系统通过 10 个独立的水下可插拔对接端口在水下提供连续和可管理的电源和网络接入，每个端口提供 48V/200W 和 100Mbit/1Gbit 网络连接。每个端口都可以由注册用户（传感器所有者）从世界任何地方单独寻址和管理，甚至可以完全远程控制和管理非常复杂的传感器单元（图 4）。

AWI 为了监测该地区的水文参数，近实时地（约 1h 延迟）运行多个传感器系统（温度、盐度、深度、潮汐、浊度、溶解氧、叶绿素 a 荧光、3D 流场），以获取主要的非生物和生物变量。此外，AWI 科学潜水中心全年都有训练有素且具有科学素养的潜水员，为该地区的传感器和实验装置的设置和维护提供支持。

自 2010 年以来，在 MarGate 水下试验场中完成了大量国内和国际的研究（包括学士论文和硕士论文），涵盖了从仅持续数周的短期研究到计划和实施数年的长期研究。

2015 年至 2018 年，MarGate 水下试验场被欧盟 JERICHO NEXT 项目列为官方海洋水下试验场，该项目为该试验场提供了国际的资金支持。从 2019 年起，

MarGate 水下试验场和斯瓦尔巴群岛的水下观测台均被正式认定为欧盟项目 JERICHO 3 的海洋水下试验场，成为 JERICHO NEXT 的后续项目。

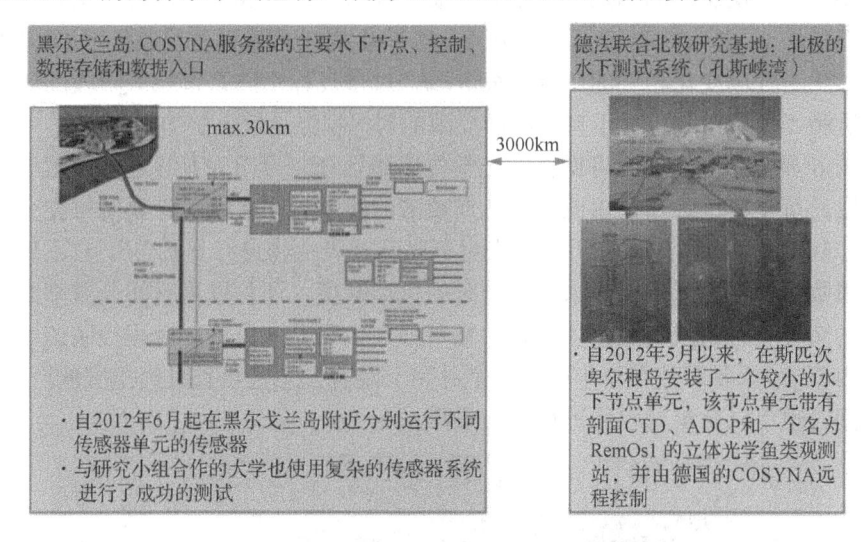

图 4　有线水下观测台 COSYNA 的一般设置

（编辑注：扫封底二维码查看彩图）

CTD 为温盐深测量仪（conductivity-temperature-depth system）

基于上文描述的北海南部 MarGate 水下试验场的经验，AWI-HZG 联合体于 2012 年在北纬 78°54.20′、东经 11°54.00′（WGS84）、水深约 12m 的北极峡湾系统孔斯峡湾安装了第二个极地水下试验场"AWIPEV 水下观测台"（图 4 和图 5）。与北海南部的观测台相同，该站点还配备了有线水下观测台，可以用于全年连续传感器操作和原位实验活动。

图 5　斯瓦尔巴群岛孔斯峡湾 AWIPEV 水下观测台装置示意图（左）和实际影像（右）

（编辑注：扫封底二维码查看彩图）

| 水下机器人的人工智能技术 |

基于有线观测台的环境科学进展

AWI 和 HZG 不断增加对水下有线观测技术的开发和运行活动，主要目标是在极端条件下（如在北海南部强风或风暴条件下或在北冰洋冬季条件下）可以"长期进入"与气候变化相关的重点研究区域。对在目标生态系统相关阶段的研究来说，这种"长期进入"对于克服时间受限的研究视野是最重要的。

图 6 显示了一个完全可操作的光学传感器系统，专门为有线连接的远程操作而开发，可全年进入斯瓦尔巴群岛孔斯峡湾的浅水生态系统。该系统可完全通过远程控制，使用立体成像分析算法来对更高营养级生物进行"采样"。它不仅可以以个体数量每立方米为单位来测量绝对的鱼类密度，还可以高时间分辨率来测量全年的鱼类物种组成甚至鱼体体长的频率分布。研究人员可以远程控制该系统在水体内移动，因此即使在一年中好几个月完全没有光照甚至长时间温度低至-30℃的期间，也可以全年对水体进行分层采样。

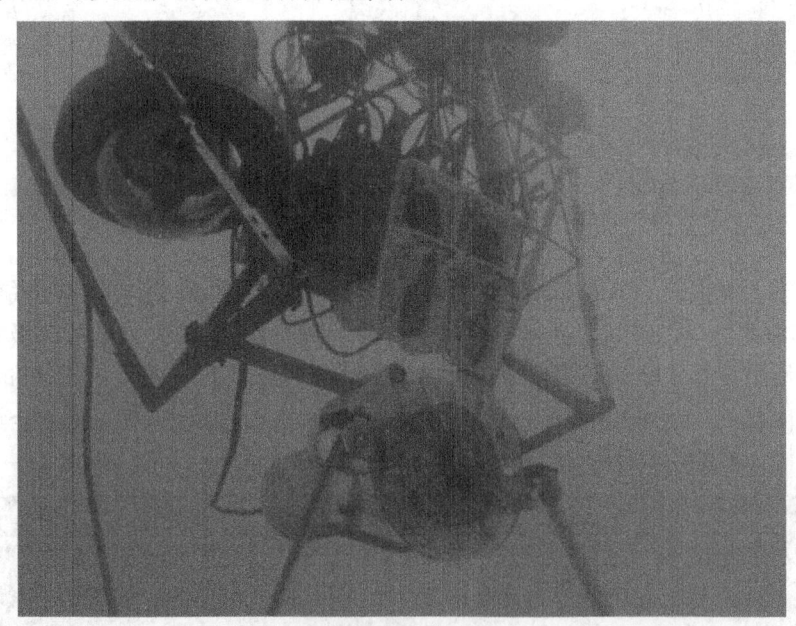

图 6 用于测量鱼类丰度、物种组成和鱼体体长频率分布的
水下立体观测站 RemOs1
（编辑注：扫封底二维码查看彩图）

图 7 显示了 2013 年至 2014 年在斯瓦尔巴群岛斯匹次卑尔根岛的孔斯峡湾的极地峡湾浅水生态系统中进行远程采样活动的结果[13]。可以在 x 轴上看到不同月份的采样时间，在 y 轴上按照单位捕捞努力量渔获量（catch per unit effort, CPUE）绘制了鱼类丰度和物种组成，由每个采样单元的鱼类数量来表示。

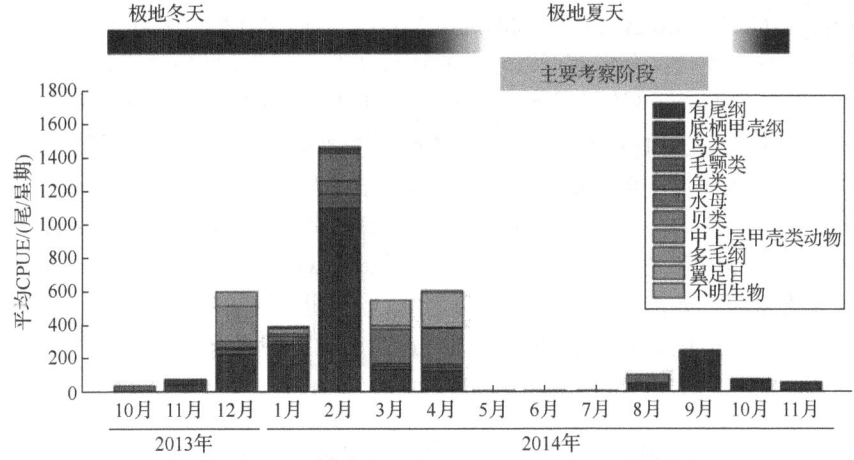

图 7 2013 年至 2014 年在斯瓦尔巴群岛斯匹次卑尔根岛的孔斯峡湾的极地峡湾浅水生态系统采样活动期间的鱼类丰度和物种组成
(数据来自 Fischer 等[14],编辑注:扫封底二维码查看彩图)

图 7 表明了该系统具有明显的季节性模式,冬季丰度最高,夏季丰度最低。图上方的标注显示了研究人员当年的主要考察期是在 5 月至 9 月之间。该图清楚地表明,在过去几年中,恰好在生态系统中物种丰度和多样性最低的时候进行现场调查。通过应用上述新型全自动遥测传感器,研究人员能够对整个系统进行全年调查。基于这些数据调查,可以讨论抽样策略和选项,以改善这种科学抽样与现实世界群落结构不匹配的情况。最终得出的结论是,出于安全原因,在极地冬季的极端条件下,永远无法以足够的时间分辨率使用船舶或潜水支持的采样装置进行经典采样。因此,人们决定投入更多的时间、人力和金钱来开发智能的、可远程控制的、自动化的传感器,使人们能够做到,全年无须亲自到现场,即可实现采样。在讨论基于远程 IT 的采样与传统的现场直接采样时,所考虑的第二个出发点是对动物的保护。在上述远程采样活动中,在完全未曾扰动极地保护区、没有伤害一个动物的情况下,对环境中 9 个生物群体中的 5000 多个样本进行了计数、识别和测量。如果使用离散刺网或张网采样等经典评估方法,这些动物中将有很大一部分会因为科学研究而死亡,它们无法在捕捞过程中幸存下来。因此,使用基于 IT 和人工智能的新型智能远程控制非侵入式采样不仅有利于提高采样效率,减少现场所需的人力资源,而且还可以为在环境敏感区域和栖息地内采用非侵入性的可持续科学方法做出重大贡献。基于 IT 或人工智能的测量设备肯定不会取代经典的生物体采样,因为某些分析需要真实样本。然而,原位科学新技术将使我们有机会尽可能减少侵入性采样,并用基于 IT 和人工智能的非侵入性方法补充这些采样方法。

除了上面描述的,有线观测台和自动传感器技术还有其他非常具体的应用,例如在鱼类种群研究中,此类系统还可额外提供连续记录的水文变量[如水温、盐度或生物区系相关参数(如叶绿素 a 或光合有效辐射)],为特定评估提供可能

（参见 https://dashboard.awi.de/?dashboard=3760）。人们可在较长的时间段内对这些数据进行采样，并且在全年都可以较高的时间分辨率来对这些数据进行采样。对于原先那些无法掌握或了解生态系统中短期模式和动力学的问题，上述采样方式给这些问题的解决提供了独特的可能性，而这些问题永远无法通过如每月的采样活动来解决。在许多环境科学领域的学科中，短期事件及其与长期趋势的关系和影响受到越来越多的关注[15,16]，并且短期事件及其与长期趋势的关系被认为会显著影响地球系统动力学和生态系统[17,18]（还可以参考 https://www.ufz.de/moses/）。这在敏感环境中尤为重要，如沿海、极地或深海地区。这些地区被广泛认为是气候科学的重点研究区域，但由于技术或环境限制，人们只能进行很有限的观测，因此它们被排除在必要的定期采样计划之外（图8）。

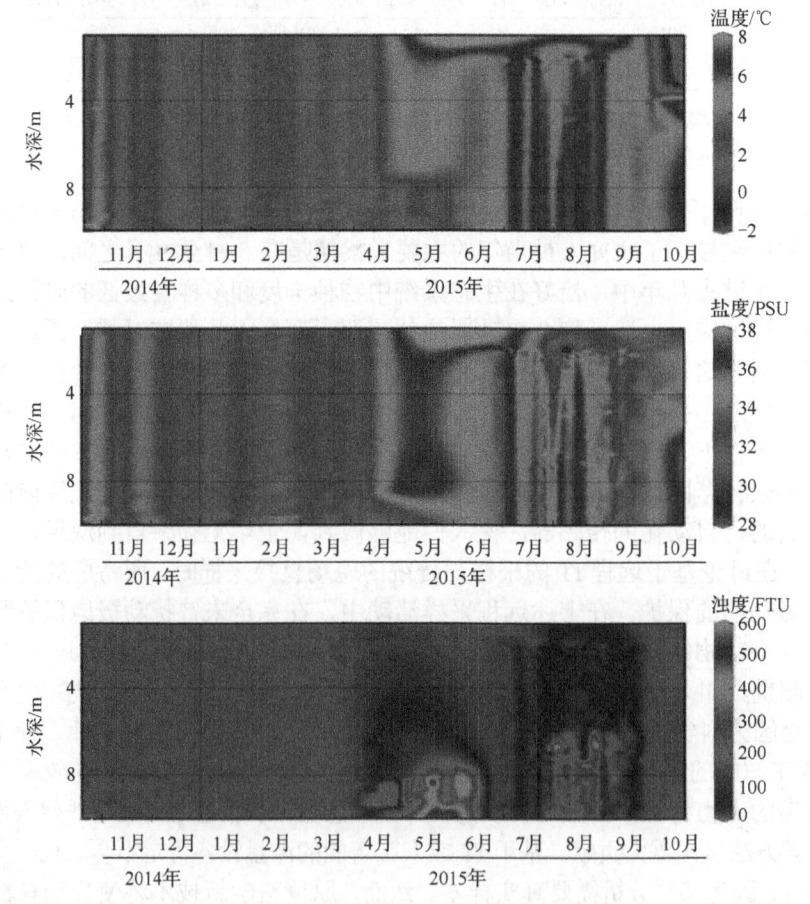

图8 2014年11月至2015年10月，时间分辨率为1Hz情况下北极峡湾系统（以斯瓦尔巴群岛孔斯峡湾为代表）的温度、盐度和浊度
（编辑注：扫封底二维码查看彩图）
译者注：PSU为实用盐度单位（practical salinity units），是海洋学中表示盐度的标准，为无单位量纲，一般以‰表示；FTU表示水的混浊程度，1FTU=0.13mg/L

科学遇到原位运行的现实

然而，在谈到未来的海洋技术发展时，也必须看到技术上仍然存在很大的不足，尤其是在谈及长期暴露的传感器时。图 9 显示了 2012 年 7 月在北海南部安装的一个水下节点系统核心元件及其 8 个月后的状态。

图 9 刚布设时（左）和布设在水下 8 个月后的
水下节点系统核心元件（右）
（编辑注：扫封底二维码查看彩图）

此系统在水下暴露 9 个月后由于电源和互联网连接失败而出现故障，于 2013 年 3 月才恢复运行，图 9 右图显示了现实世界中生物附着对系统的巨大影响。这种大规模的技术-生物相互作用可能会通过生物诱导引起核心部分解体，从而严重影响系统的关键部分。在上述故障中，只有几微米大小的贻贝幼体穿过了水下可插拔连接器的缝隙并在那里定居。仅仅几个月后，幼体就长大了，将 1000V 连接器的插头从插座上推开，导致电源线出现了严重的短路。另一个例子如图 10 所示。图中显示了一个被称为 CTD 的探测器，它测量温度、盐度、浊度、氧气和其他水环境参数。在水下暴露几个月后，传感器表面由于浮游动植物过度生长，在运行过程中极有可能出现传感器错误和数据故障。因此，这些装备设施要么需要持续的维护和清理，要么需要卓越的数据管理和数据质量控制程序。

图 10 在北海南部浅层富饶水域中暴露 8 个月后的 CTD
（编辑注：扫封底二维码查看彩图）

未来科学原位传感器技术的要求和展望

在过去的几年里,我们总结了 2012 年至 2018 年北海和北极长期暴露与远程控制传感器的经验,对基于 IT 和人工智能的传感器和传感器支持技术的发展提出以下非常具体的要求。但需要说明的是,所选取的要点只是根据示例,且与使用的有线水下观测台技术密切相关,在不同的海洋研究领域中,可以通过人工智能技术来改善的潜在发展点可能会有所不同。然而,无论考虑哪个海洋区域,都可以通过这些要点来确定和讨论目前可用的海洋 IT 中的一些主要不足,这些不足可能会在未来通过人工智能解决方案来克服。

在"在海洋科学中使用人工智能的视觉技术"部分中,将重点关注未来海洋科学领域中对人工智能支持的需求这一更广泛背景。讨论的主题基于人们在海洋海岸科学方面的经验,但更多地反映了人工智能在海洋海岸科学中可能取得的突破。这一愿景的讨论基于以下发现:海洋传感器科学中的技术差距尽管因专业领域而不尽相同,但有一条红线可以将这些点联系起来,那就是在水下不可能以更高的数据传输率进行更远距离的无线通信。在陆地和大气的相关应用中,无线通信是遥感技术和数据传输的主干技术,但在水下该技术不仅现在不会被应用,将来也不会。因此,水下传感器或实验单元必须通过电缆连接以实现远程控制或自主操控。然而,到目前为止,海洋科学中的"自主"主要是指把热敏电阻链或声学多普勒海流剖面仪等简单的传感器布放在某个区域并长时间自主收集数据。即使在过去的二十年里,传感器的自主性水平有了显著提高,今天自主水下航行器(AUV)甚至可以以现成的货架式产品方式购买,但自主性仍然只是意味着某个单元被编程,例如遵循某个轨迹或在某个水体内自主地进行剖面测量。然而,当今的科学挑战是 4D 地图,例如海洋水文的水团锋面和梯度、短期或长期海洋涡流形成了随时间变化的复杂 3D 模式,或随着时间的推移跟随鱼群的浮游生物,以便更好地理解海洋系统中水圈和生物圈之间的功能关系。这对于水下景观和群落多样性都非常复杂的沿海水域来说尤其具有挑战性。

人工智能技术改善的潜在发展点

(1)经验清楚地表明,大多数传感器都是为只有几小时或几天的短期暴露而设计的,因此这些传感器不适合长期运行。现在使用的所有传感器几乎都没有或没有有效的生物污损保护。遗憾的是,寄希望于在不久的将来传感器制造商能开发出这种有效的生物污损保护机制是非常不现实的。尽管问题似乎很明显,但成功实现 100%的清洁是非常困难的。迄今为止,对在生产力较高的浅层水域中长期运行的绝大多数传感器来说,唯一的方法是派潜水员到传感器处,首先检查传感器是否需要清洁，如果需要清洁，则用手来仔细地清洁传感器。例如在北海的设施中，尤其是在夏季，这种检查程序必须每周执行一次，需要消耗大量的时间和人力。因此，大多数传感器运行者讨论对智能传感器清洁设备的需求时都要求这些设备要能定期检查传感器并判断是否需要清洁，如果需要清洁，则在不损坏传感器本身的前提下仔细进行真正的清洁。据作者所知，实际上没有可用的自主运行系统（受过训练的潜水员除外）能够在水下完成这项不受欢迎但必不可少的任务，从而保证可以从长期暴露的传感器获取良好和可靠的数据。

（2）在传感器未来发展中的另一个主要问题是，大多数传感器甚至都缺少基本的现代通信程序。目前，即使是像打印机这样最简单的 IT 设备也拥有完全"智能"的自动重新连接程序和软件，以便设备在断电或连接丢失后自动重新连接。大多数工业和消费类 IT 设备都有自安装和自校准程序，并与国家的或国际的驱动程序、系统更新或维修程序的存储库进行交互。遗憾的是，在大多数海洋传感器中情况并非如此，它们通常没有最简单的插件连接程序。因此，智能传感器发展的未来趋势需要技术创新，开发在软件运行故障时具有自修复机制的智能监控技术，以及在发生接触故障时具有可靠的警报功能的技术。海洋科学迫切需要这些增强型智能传感器技术，这些技术不同程度上可以在无人监督的情况下工作，包括进行有关传感器元数据和传感器操作信息的传输和收集，以减少海洋传感器操作中的人为交互和人为故障。

（3）从过去几年传感器长期运行中吸取的另一个教训是关于数据管理和数据验证程序的，这些程序并非为长期密集和连续的自动传感器运行而设计。近来的数据管理和数据验证程序仍然基于人机交互，需要训练有素的科学家手动查看数据。目前，海洋研究中的传感器数据验证仍然是通过手动绘制数据并逐小时查看数据图来进行的。如果实验仅在 2～3 天内较短的时间运行，则这是可能的，但当一个传感器或多个传感器一年 365 天、每天 24 小时在线时则是不现实的。在海洋技术和数据管理方面，尚未使用机器学习或人工智能方法这些最先进的数据分析手段来自动检查数据的合理性和有效性。现代基于机器学习的技术可能会对数据分析做出重大贡献，包括数据间断分析（data gap analysis）和缺失数据包容（missing data inclusion）以及预测传感器数据的智能模拟程序，这些技术可用于在线程序的合理性检查，尤其是对于复杂的数据和传感器系统。

（4）在过去几年中得到的最后一个启示是关于复杂数据的分析，例如高频和高分辨率水下成像。图 11 是在斯瓦尔巴群岛的其中一个节点系统的立体图像数据示例图，图中显示了由立体系统的两个摄像头拍摄的鱼群。基于图像分析鱼的长度的方法，必须标记如左侧图像中每条鱼的头部和尾部，然后在右侧图像上识别同一条鱼，并且在此图像上再次标记这条鱼。对单张图像的分析系统而言，当单个图像包含 40 条或 50 条鱼时，鱼类生态学家通常需要近 30min 来分析，对于每

| 水下机器人的人工智能技术 |

天生成的 48 对图像，训练有素的科学家需要每天 24 小时连续不断地在线评估此数据流。基于图像的科学分析在几乎所有的学科中以及海洋领域中都变得越来越重要。尽管图像分析工具和算法在过去几年中得到了显著改进，但这些工具和程序中的大多数都是为陆地上更高质量的图像而设计的，对于常常照明不佳且有时模糊的水下图像则完全失效。因此，海洋科学肯定需要新的智能工具和算法来进行快速、可靠且几乎无监督的成像分析，从而更好地利用过去几年显著改进的水下成像硬件。

图 11　左图和右图来自水下立体成像系统，用于测量鱼类丰度、
鱼类物种组成和鱼体体长频率分布
（编辑注：扫封底二维码查看彩图）

在海洋科学中使用人工智能的视觉技术

解决海洋科学中的未来问题，特别是在预计气候变化和极端事件的频率会增加的背景下，例如在海岸带地区，仅靠提高传感器的自动化水平是不太可能成功的。解决上述问题的方法是传感器、传感器单元及其载体平台不仅要完全自动化，而且要达到更高水平的"智能"。这意味着例如多个独立的移动式海洋传感器单元可以在运行期间相互通信，形成一个更大的网格状的超级传感器，同步覆盖特定区域，以全面评估随时间变化的水文或生物模式。这样的传感器群必须准备好彼此失去联系，或者在特定的水文模式分解成更小的单元时分裂成多个较小的群。在这种情形下，传感器必须根据先前为整个传感器群开发的决策矩阵自行做出决策。

另一种情况是在极端条件下需要使用自主传感器来探索环境。人们在更好地理解生态系统功能和生态系统对气候变化的响应方面上存在重大知识缺口，例如在北海或极地地区，缺乏关于极端条件下生态系统动态的知识。尽管在北海每年风速超过蒲福风级 5bft 的天数超过 300 天，但几乎没有关于生态系统及其生物成分在风暴条件下的原位行为的数据。然而，为了对气候变化情景下生态系统的预期变化有更深入的功能性理解，极其需要这些知识。未来的海洋传感器和平台技术必须能够应对浅水区的严重风暴等水文条件，并且必须能够在环境条件出现问题时保护自己以便在测量模式下"生存"，比如系统必须能够自行决定在如"掩埋在沉积物中"的情况下切换到休眠模式，以便在浅水区风暴的极端情形下幸存下来，并在环境条件得到充分改善后继续执行任务。此类系统还必须自行决定何时从任务中撤回，以便在水下进行能量回收、数据下载，并等待新的指令。

这两方面内容只是基于我们的经验和过去几年里的讨论所做的总结，仅表达了人工智能增强 IT 传感器技术如何改善海洋科学的一些想法。然而，从这两个提议的新技术的例子来看，不得不说这些想法并不新鲜，而是很长一段时间内都为人所知，并且在现实世界中已经被许多鱼类和底栖无脊椎动物充分实现了。上述鱼类集群示例中所描述的智能的、具有环境适应性的集群行为在 20 多年前就发表的文章中被称为"鲱鱼的同步运动"[9]。每个原位生物学家都很清楚，当暴风雨临近时，螃蟹会在浅水区挖洞。在这两种情况下，潜在的行为和生理机制都是众所周知的——它们"只能"在人工智能的世界中去实现。

总　　结

本文总结了 2012 年至 2018 年位于北海和北冰洋浅水区的两个有线海洋观测台连续运行的经验。展望未来的海洋科学，很明显未来需要更加创新的、更加智能的水下传感器和传感器单元技术。就全球变化方面而言，这尤为重要。全球变化的影响在极地或温带系统等地区最为突出，而由于气候限制人类只能部分进入这些地区。最近的研究策略非常明确地强调了这一点，即对地球系统进行更深入的以及功能上的理解对于应对人类即将面临的气候和人为挑战是非常必要的，而且这些挑战无法由一个学科单独解决。这些挑战需要跨学科的综合方法，包括自然科学、工程科学、人工智能和计算科学。将最先进的智能技术（如已经在陆地和大气科学中应用的具有蜂群能力的无人机传感器）应用于海洋领域，并使其适应海洋领域，这将在未来极大地提高海洋科学能力。然而，由于水下技术的特殊要求，这种技术转移需要在工程科学、计算机科学和其他为人工智能做出贡献的领域进行新的联合研究。开发这种完全自主运行的甚至可以根据环境条件来自行决定执行特定任务的水下系统，将为海洋科学打开一扇机会之窗，极大地增强人类面临地球上诸如气候变化和相关的海洋生态系统问题等巨大挑战时的应对能力。

参 考 文 献

[1] Baschek B, Schroeder F, Brix H, Riethmüller R, Badewien T H, Breitbach G, Brügge B, Colijn F, Doerffer R, Eschenbach C, Friedrich J, Fischer P, Garthe S, Horstmann J, Krasemann H, Metfies K, Merckelbach L, Ohle N, Petersen W, Pröfrock D, Röttgers R, Schlüter M, Schulz J, Schulz-Stellenfleth J, Stanev E, Staneva J, Winter C,

Wirtz K, Wollschläger J, Zielinski O, Ziemer F (2017) The coastal observing system for Northern and Arctic Seas (COSYNA). Ocean Sci 13(3): 379-410. https://doi.org/10.5194/os-13-379-2017

[2] Fischer P, Baschek B, Grunwald M, Schroeder F, Boer M, Loth R, Klaus-Stöhner J, Boehme T (2014) COSYNA underwater nodes, pp 31-34. https://doi.org/10.1643/0045-8511(2007)7%5B886:ROTSLG%5D2.0.CO;2

[3] Watson R A, Green B S, Tracey S R, Farmery A, Pitcher T J (2016) Provenance of global seafood. Fish and Fisheries. 17:585-595. https://doi.org/10.1111/faf.12129

[4] Matabos M, Mairi B, Jérôme B, Maia H, Kim J S, Benoît P, Katleen R, H A Ruhl Jozée S, Michael V (2016) Seafloor observatories, pp 306-337. https://doi.org/10.1002/9781118332535.ch14

[5] Best M M R, Bornhold B D, Juniper S K, Barnes C R (2007) NEPTUNE Canada regional cabled observatory: science plan, pp 1-7. https://doi.org/10.1109/OCEANS.2007.4449316

[6] Dewey R, Round A, Macoun P, Vervynck J, Tunnicliffe V (2007) The VENUS cabled observatory: engineering meets science on the seafloor, pp 1-7. https://doi.org/10.1109/OCEANS. 2007.4449171

[7] Favali P, Laura B, Angelo D S (2015) Seafloor observatories: a new vision of the earth from the Abyss. Springer, Berlin, Heidelberg

[8] Howe B M, Lukas R, Duennebier F, Karl D (2011) ALOHA cabled observatory installation. OCEANS'11 MTS/IEEE KONA, Waikoloa, HI, USA, 2011, pp 1-11, https//doi.org/ 10.23919/OCEANS.2011.6107301

[9] Pitcher T J (1986) Functions of shoaling behaviour in teleosts. In: Pitcher, T. J. (eds) The Behaviour of Teleost Fishes. Springer, Boston, MA. https://doi.org/10.1007/978-1-4684-8261-4_12

[10] Wehkamp S, Fischer P (2012) Impact of hard-bottom substrata on the small-scale distribution of fish and decapods in shallow subtidal temperate waters. Helgol Mar Res 67(1):59-72. https:// doi.org/10.1007/s10152-012-0304-5

[11] Wehkamp S, Fischer P (2013) Impact of coastal defence structures (tetrapods) on a demersal hard-bottom fish community in the southern North Sea. Mar Environ Res 83:82-92. https://doi.org/10.1016/j.marenvres.2012.10.013

[12] Wehkamp S, Fischer P (2013) The impact of coastal defence structures (tetrapods) on decapod crustaceans in the southern North Sea. Mar Environ Res 92:52-60. https://doi.org/10.1016/j. marenvres.2013.08.011

[13] Fischer P, Schwanitz M, Brand M, Posner U, Brix H, Baschek B (2018) Hydrographical time series data of the littoral zone of Kongsfjorden, Svalbard 2017. Alfred Wegener Institute— Biological Institute Helgoland Pangaea (Dataset). https://doi.pangaea.de/10.1594/PANGAEA.896170

[14] Fischer P, Schwanitz M, Loth R, Posner U, Brand M, Schröder F (2017) First year of practical experiences of the new Arctic AWIPEV-COSYNA cabled Underwater Observatory in Kongsfjorden, Spitsbergen. Ocean Sci 13: 259-272. https://doi.org/10.5194/os-13-259-2017

[15] Fischer E M, Schär C (2010) Consistent geographical patterns of changes in high-impact European heatwaves. Nat Geosci 3:398-403

[16] Perkins S E, Alexander L V, Nairn J R (2012) Increasing frequency, intensity and duration of observed global heatwaves and warm spells. Geophys Res Let 39(20). https://doi.org/10.1029/2012gl053361

[17] Beniston M, Stephenson D B, Christensen O B, Ferro C A T, Frei C, Goyette S, Halsnaes K, Holt T, Jylhä K, Koffi B, Palutikof J, Schöll R, Semmler T, Woth K (2007) Future extreme events in European climate: an exploration of regional climate model projections. Clim Change 81(S1):71-95. https://doi.org/10.1007/s10584-006-9226-z

[18] Leaning J, Guha-Sapir D (2013) Natural disasters, armed conflict, and public health. N Engl J Med 369(19):1836-1842. https://doi.org/10.1056/NEJMra1109877

产业视角下的深海作业挑战

丹尼尔·莫塔，莱昂内·安德拉德，

路易斯·布雷达·马什卡雷尼亚什，瓦尔特·埃斯特旺·贝亚尔

Daniel Motta, Leone Andrade, Luiz Brêda Mascarenhas and Valter E. Beal

摘要 现代社会所需的商品和服务都依赖矿物和碳氢化合物（译者注：石油）等资源。尽管正在研究和开发新能源，但许多国家仍需要对现有资源进行勘探和加工。然而，在竞争激烈的商业场景中，减少负面环境影响甚至扭转其趋势仍然面临许多挑战。在这种背景下，全产业都在不断寻找新技术，使其业务变得对环境更加友好，同时又保证安全和实现盈利。产业面临的另一个问题是探索新的生产领域。此外，还有机会降低当前生产领域的运营成本。这些是目前石油、天然气以及采矿业在深海勘探和作业方面面临的挑战。本文将讨论满足水下环境要求所面临的技术挑战，并提出一个综合的多学科战略长期计划，以提高技术成熟度及其普遍适用性。

引　言

很久以前，人类就会利用自然资源来设计工具，从而支持技术进步，促进人类社会演化。自然资源基本上为人们提供了现代社会使用和消耗的一切，从用于

D. Motta（通信作者），L. Andrade, L. B. Mascarenhas, V. E. Beal

SENAI CIMATEC, Industrial Technology and Innovation Campus, Salvador, Brazil（巴西国家制造系统集成与技术中心，工业技术与创新园区，萨尔瓦多，巴西）

e-mail: dmotta@fieb.org.br

L. Andrade

e-mail: leone@fieb.org.br

L. B. Mascarenhas

e-mail: breda@fieb.org.br

V. E. Beal

e-mail: valter.beal@fieb.org.br

© Springer Nature Switzerland AG 2020

F. Kirchner et al. (eds.), *AI Technology for Underwater Robots*,

Intelligent Systems, Control and Automation: Science and Engineering (ISCA, volume 96),

https://doi.org/10.1007/978-3-030-30683-0_3

农作物生产的肥料，到用于最新和最先进的汽车大功率磁铁和电池。

工业部门负责勘探、提取、加工和转化这些重要资源，形成商品。这是一条漫长的供应链，包括不同的行业以及服务提供商，他们雇佣数百万合格的工人来支持国家发展。采掘业是金字塔的基石。面对已经脆弱的环境，采掘业面临着如何以更小的环境影响来开采自然资源的挑战。而且，产业中的竞争力和政府法规的影响加剧了行业所面临的挑战。

行业企业有多种途径可以帮助自己引领全球市场，提高自身的竞争力。目前，材料开发、自动化、无人工厂、机器学习、人工智能、大数据和物联网是各行业在其发展路线图上都在关注的技术趋势。当然，这些领域彼此有所重叠并相互关联。最终，这些技术都用于寻求降低运营成本和提高整体绩效。尽管这些技术或是其他技术目前都很成熟，但许多行业仍然在努力争取变得更有竞争力、更清洁、利润更高。

石油和天然气（O&G）行业也不例外。除了非常重要的满足环境法规的要求以外，开发可靠运行的新技术对于满足该行业的所有挑战和要求至关重要。尽管可再生能源等新能源生产有所增长，但在很长一段时间内，深海作业仍将是全球油气供应的重要组成部分。据麦肯锡公司称，到2030年，尚待批准的项目每天将需要新生产3600万桶原油才能满足预期需求，预计至少有30%或950万桶来自深海油田[1]。

除了石油和天然气公司，其他生产部门也对水下解决方案感兴趣。深海采矿就是一个例子。截至2018年5月，国际海底管理局（International Seabed Authority,ISA）签发了29个勘探合同，覆盖了超过100万 km^2 的深海海域。海洋采矿和环境监测技术发展迅速，金属价格的每一次上升都会增加深海采矿的商业吸引力[2]。另一个需要水下技术的领域是能源收集。许多现有的能源收集技术在水下条件下要么不适用要么没成效。

深海采矿所需面临的挑战与石油和天然气行业面临的挑战非常相似，而且也需要开发类似的技术。本文讨论了深海的水环境情景和深海作业的前沿领域所面临的挑战，并且还提出了一种集成研发方法来满足新要求。

盐下层油田：挑战的一个例子

巴西的盐下层油田（深海盐层下的碳氢化合物储量）就是一个例子，它在开采过程中所遇到的问题代表了深海水环境情景下亟待解决的技术挑战。图1显示了盐下层油田的一些特征。

巴西桑托斯盆地盐下层油田的特征有：超深水（大于2000m），深层碳氢化合物储层分布非常广泛（深度大于5000m），具有较高的气油比，CO_2含量高，高压，低温，直接位于厚盐层（大于2000m盐层）之下，距海岸约300km，海洋条件恶劣[3]。通常这些油藏靠近火山区，使石油保持在150℃的温度。这种特性非常适合加工，因为它可以将油保持在中等密度。但是在这些地质地层中勘探和操作油井将成为一个挑战[4]。

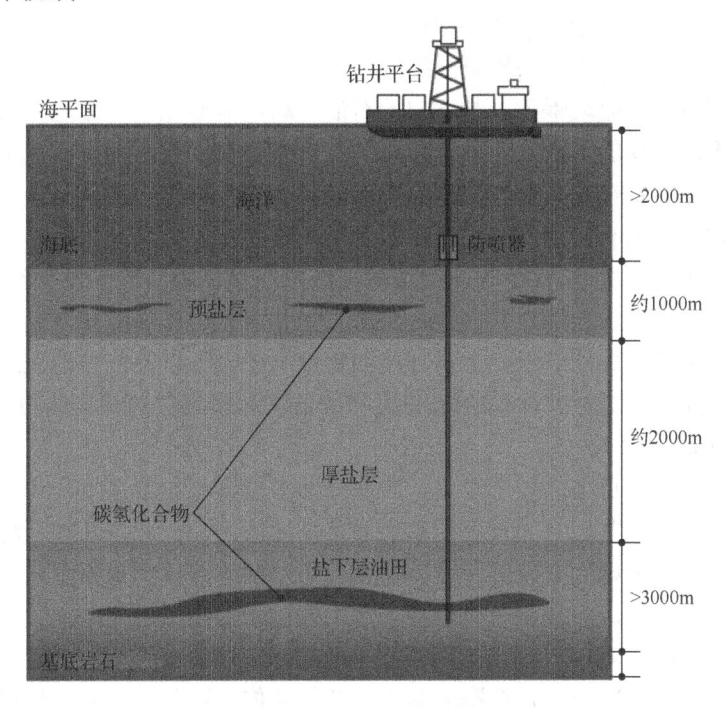

图 1 盐下层油田特征

由于石油和储层特征以及环境情景，盐下层油田的勘探对多个学科提出了技术挑战。油藏表征、石油采收率、油井工程、油气管道内的流动保障、水下技术、如何加工以及如何处理 CO_2、伴生气的处理与运输是必须面对的挑战[5]。其中一些挑战将在下面的内容中具体介绍。

油藏表征：在勘探阶段，必须使用多种且互补技术来对碳氢化合物进行很好地识别和表征，例如地震勘探和电磁勘探，以获取数据并使用可靠的成像构造算法处理数据[6,7]。如果表征良好，可以减少勘探钻井，节省数百万美元的投资，而且还可以更好地开发该油田，从而减少残存下来的石油。除了节省成本之外，相应还可以减少钻探和打井的数量从而降低给环境带来的影响。不过，这仍然需要改进采集设备和方法（数据源和探测器，无须专业化的船只），使用更少的计算资源和更快的算法来处理数据。

油井工程：目前在盐下层勘探和作业的油井工程方面取得了一些进展。从钻井勘探开始，持续到勘探完成，一直面临着挑战。例如，当前避免气泡造成不受控制的井涌并保持油井密封的安全阀是防喷器（blowout preventer, BOP），目前采用的是基于液压的解决方案，其体积、重量和复杂性是巨大的，而且仍然缺乏更高的可靠性和可用性。钻井平台的尺寸取决于防喷器的尺寸,并且随着油井深度的增加而增加。因此,平台和辅助设备也遵循了这一规律。安装的套管、水泥件、密封件、立柱、滑套、气举阀、塞子和许多其他附件需要耐受二氧化碳、硫化氢、温度、温度梯度、化学腐蚀和物理侵蚀。此外,用于减少钻探时间和减少每个油田油井数量的新技术也是勘探研究的目标。

油气管道内的流动保障:盐下层的石油流动也需要注意。靠近井口的压力和温度有利于水合物的形成。此外,常见的石蜡黏附在管壁上会降低流量。不同等级密度、气体的存在和其他参数也会降低流量。注入气体、水及其他化学品以避免在特定井区形成石蜡和水合物是克服流量减小的一种方法。然而,必须考虑采取细致且精确的压力/流量控制,避免漏采油或在最坏的情况下发生油井破裂/塌陷。在作业过程中,连续对井内进行监测并把井内压力、温度和流量数据发送出来仍然是一个挑战。能够承受恶劣环境的特殊电子设备以及能与地表通信的方式至关重要。此外,对油井体积/形态进行持续监测和观察在油井作业的 4D 地震中也发挥着重要作用。

水下技术:就目前的技术而言,大部分油田设备都布置在生产作业和卸货平台上。驱动平台和井口之间设备的动力通常是液压的。因此,必须从海床向平台安装许多立管。考虑到安装的深度,需要使用复杂的浮体和锚固系统。水下设备不容易与水面通信,布线是一个挑战。水下连接器不是标准化的并且非常昂贵。使用遥控潜水器(ROV)进行热插拔并不像它本应该的那么容易。除了温度和盐度之外,海流的不同速度也会影响基于声波的通信。这些还受到可使用的数据速率的限制。设备中使用的材料也很关键。材料需要具备良好的与温度无关的特性、抗疲劳和耐腐蚀性,重量/体积也需要轻量化。天气条件也会给水下技术带来挑战。

此外,后勤支持问题成为成本和运营方面的瓶颈。向海上供应零部件的成本,以及距离海岸约 300km 的偏远地区工人的安全问题,促使进行深海开采的企业或公司把注意力转向无人居住的远程辅助平台的发展。

这种环境对生产的需求才刚刚开始。根据巴西国家石油、天然气和生物燃料局(National Agency of Petroleum, Natural Gas and Biofuels)的数据,目前巴西有 12 个盐下层油田在生产,占巴西石油产量的一半以上。2018 年 3 月的产量为每天 256 万桶,其中盐下层油田占 54.7%。同样令人印象深刻的是,巴西第 4 和第 5 轮许可的盐下层产油量估计超过 300 亿桶[8]。

水下平台:优势与挑战

在盐下层油田这样的情景中,水下浸沉式生产平台成为许多公司的一个重要研发课题。考虑到安全和成本问题,用于输运石油、天然气、水砂、H_2S(硫化氢）和 CO_2 的长立管至关重要。目前，有许多公司致力于提供安装在海平面上的设备。未来将把海面以上的处理操作改变为放到海底更靠近井口的地方。如果这样的话，将面对高压、耐腐蚀、安装、操作和维护方面的难题，这种挑战将是巨大的。然而，水下浸沉式生产平台一旦部署，安全问题、维护和运营成本将大幅降低。

如果对所有油、水、沉积物、天然气以及视油田而定的 CO_2 和 H_2S 的分离都在海床平面进行，那么会给负责将油从海床输送到海岸线存储单元的立管带来直接的好处，无须把已开采但未分离的成分从油井中提升到地表，只有油气才会被提升到浮式储卸装置。立管的数量会减少，压力也会减少。这种仅将气体或石油输送到存储单元的立管比之前提到的暴露于其他成分的立管更安全。天然气可以直接输送到公用设施平台，为水下设备的泵、压缩机、加热器、控制系统、清洁系统和安全系统产生能量。另一种选择是在海底发电。使用海流和小型全密封熔盐核反应堆的能量收集技术来安全地提供能量，而无须使用超过 3km 的高压电线[9]。设备和组件必须设计为需要较少的清洁剂（污垢抑制剂）或设计为自清洁。图 2 展示了一个概念性的海底工厂，以便更好地了解此类水下生产平台的潜在未来优势。

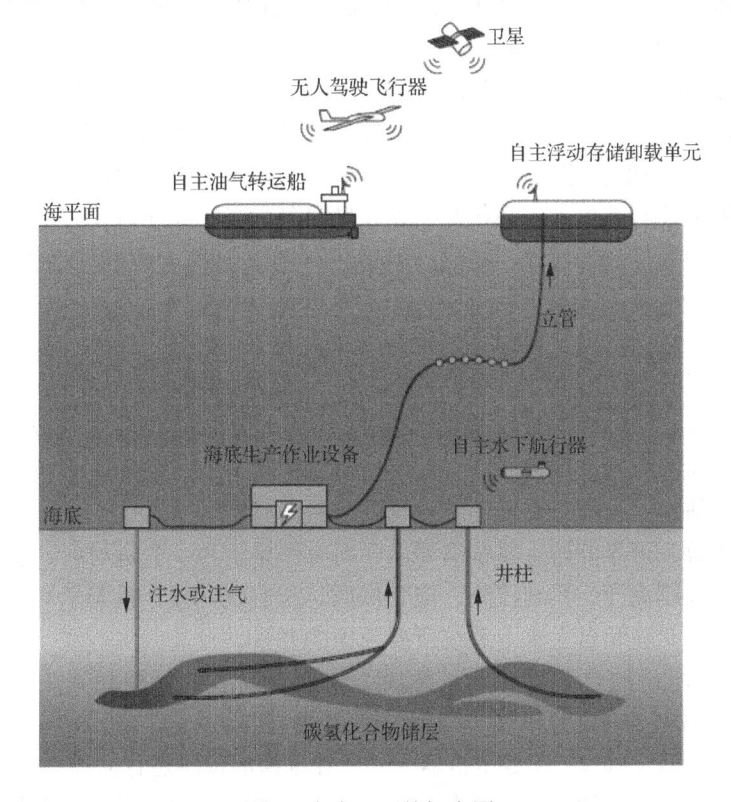

图 2 海底工厂的概念图

此外，所有这些新的石油和天然气生产的新领域都将影响监管要求。例如，在一些国家/地区，法律规定浮式生产储卸油装置（floating production storage and offloading, FPSO）必须配备测量设备，以保证对石油和天然气生产的应税计量。必须测量油井回注的气体和水的体积，所需的测量设备由第三方公司审核。在未来的水下作业中，将要求测量设备至少可用于远程访问海底装置。将需要新的标准程序来验证生产量和回注量，特别是设备必须易于安装和接入，同时不会对操作和其他设备造成风险。

设备、连接、紧固件、电子设备、互联互通（物理链路）、通信协议、无线通信等的标准化是建立一个具有结构化供应链的强大行业的关键所在。制定标准是非常重要的，这将为确保技术发展和运行安全提供参考。

自主化的系统：现在和未来

开发自主水下系统是所有水下作业公司技术路线图中的一项关键竞争力。深水（超过吃水线以下 2000m）是一个动态的和具有挑战性的环境。对于深水环境需要开发新一代机器人以克服诸如海流、高压、腐蚀、能见度低、无线通信受限、与动物共处、污损和碎片等问题。

对于任何部署在设备、管道和立管等用于检查、维护和操作的系统设计来说，自我监控、自我修复、互换性、快速设置、模块化和对象识别都是必须包含的功能。有必要开发新的程序和设备来测试这些系统以确保在深海条件下的操作质量。

机器人需要与其他水下系统和操作团队进行通信。水下环境极大地影响了可用的信号传输途径：如声学、电磁、磁感应和光学。另一项值得关注的是如何为水下作业提供能量。在水下环境中，电池难以充电和更换。在深海中无缝操作的电池需要承受高压，但又要避免使用笨重庞大的常压外壳。此外，高能量密度、快速充电和延长使用寿命非常重要。最近水下无线传感器网络（underwater wireless sensor networks, UWSNs）变得越来越重要，因为它们在深海特定区域的管理、控制和监视方面的应用范围很广泛。此类 UWSNs 的设计面临着许多挑战，例如较长时间的传播延迟、低带宽和动态变化的环境条件[10]。

开发高效、可靠的自主系统需要多学科方法来支撑。先进材料、软件开发、系统集成、系统设计、系统控制、电力供应、传感器开发、机器学习、数据分析是开发新一代常驻和自主水下系统所要考虑的要素。

如图 3 所示的自动化场景设想的是让自动驾驶航行器如无人驾驶飞行器（unmanned aerial vehicle, UAV）、自主水面航行器（autonomous surface vehicle, ASV）、自主水下航行器（AUV）和专用机器人对正在勘探的现场进行监控、检查和干预。无人机可以对水面上的溢油进行监测，它们可以激活 AUV 并导航到特定区域以收集样本、测量油层厚度并进行分类。UAV 和 ASV 将持续检查海平面以上的结构，"比目鱼"[11]等 AUV 将在水下（从水面附近到海床）对设备进行检查。这些 AUV 也将与其他设备交互，更换易耗品或损坏的模块。油井专用机器人将用于检查、监控和干预设备内部、管线、立管[12]。可以安装地震节点网格来连续监测海底，并检测油井对人工刺激的反应。在不久的将来，这些节点的数据收集将使用 AUV 和光调制解调器实现自动化，从而消除布线需求。使用 ROV 进行数据收集和连续节点替换的方式成本高，效率低，并且会对生产设备产生较高风险。对深水和超深水来说，节点和水面之间的电缆被认为是不实用的，过于昂贵。所有这些自动驾驶航行器团队都需要在机器层面进行沟通和决策，以应对繁重的任务和危急情况。

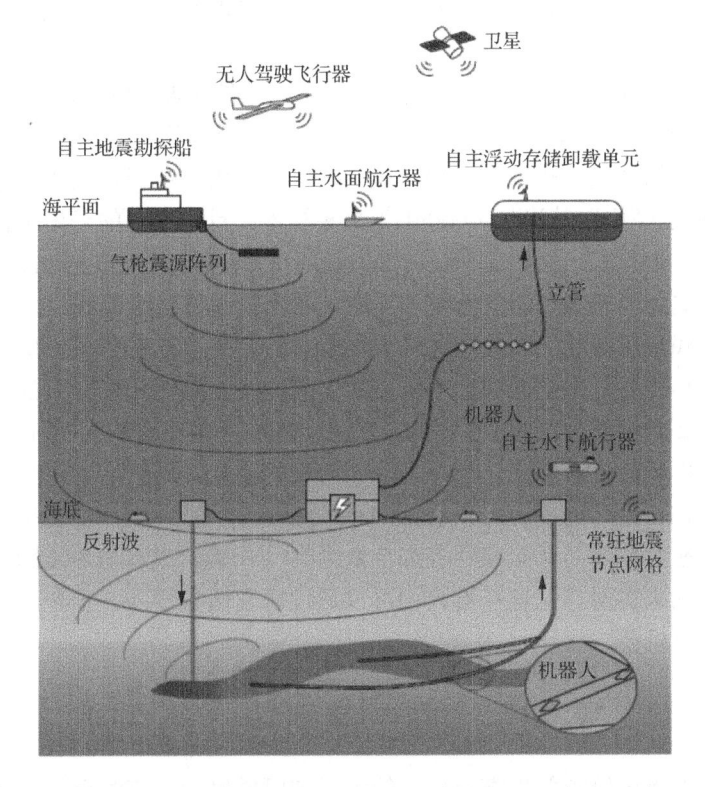

图 3　自主运行、监测、检查、维护和 4D 地震

此外，各国的新标准规定了，在油井退役和弃井后的五年内要对井口及周围环境进行压力、温度和油气泄漏的监测。在此期间，还需要通过特殊的方式通信和发送警报来提供安全监测。非生产油井解决方案的投资和运营成本非常重要，需要更高的可靠性。

海床开采：机遇与挑战

地球的生命来自海洋，海洋是地球生命支持和平衡的主要环境参与者，覆盖了超过 3/4 的地球表面。在大陆复杂的形成过程中，来自地球内部热核的压力导致新陆地的形成、覆盖、出现或淹没。这些构造使得可以在地壳的任何地方发现矿物、石油和天然气。

8000 年前，人类开始了对接近地表的矿物（如更容易找到的铜和金）的勘探和转化。从铜石并用时代和青铜时代开始，人类的演化得到了大量矿产资源勘探开发的支持。到目前为止，尽管在人类的生命周期中石油和天然气的工业化勘探开采出现得很晚，但石油和天然气作为流体却是海洋中唯一大规模开采的矿产资源。

众所周知，海底存在高价值矿物，如多金属结核（镍、铜、钴和锰）、锰结壳（钴、钒、钼和铂）和硫化物矿床（铜、铅、锌、金和银）[13]。它们高度集中在热液喷口周围的区域，热熔岩的快速凝固使金属析出，使得这些矿物质在此区域富集。ROV 已经可以从深达 6000m 处采集样本。目前设想的可用于提取矿物的方法是连续戽斗链采矿（the continuous line bucket）和液压抽吸（hydraulic suction）[14]。矿物质被输送到地表平台进行处理和提取，残留物则被送回海底。

针对海底采矿活动的高成本和环境影响，目前还存在着争议。矿物质的高浓度可能会减小需要开采的面积。与陆上矿山相比，要获得相同数量的矿物，在海底可能只需要一小部分区域。热液喷口是发现新的和独特的生命形式的区域，预计还会发现更多的生命形式。此外，除了海底的变化，采矿活动还会导致可能携带重金属并且长距离传播的沉积羽流（laden plumes），对环境产生直接影响进而可能会给小型渔业社区乃至国家经济都带来影响[15]，采矿成本与环境影响代价之间的经济平衡尚未实现。这意味着人们可以通过研发微量侵入、安全可靠的技术以探索新的采矿机会。

综合研发方法

旨在增加市场份额并提高竞争力的公司和研究机构，有时会决定从零开始开发独立的解决方案。尽管在某些情形下显示出这是一个很好的策略，但它耗时长，需要太多资源，而且结果往往不如预期。通常，一方面工业部门在寻找合适的可用解决方案，另一方面研究机构并不具备敏捷性和相关经验来实现高度成熟的解决方案。

自主水下系统开发中，缺乏整合和长期战略是一个瓶颈。在很多时候，资源被用于执行类似的项目。

对这个行业来说，技术的部署是至关重要的。基础研究是必需的，但重点应该是有一条清晰的途径来提高技术成熟度，在实际资产中实施并实现收益。这一点对研究所和大学而言，要加强以下两方面工作：①每项创新都必须强调技术的部署和落地；②要将多学科和不同能力集成起来，这样才能将不同机构现有的知识整合到一起。

在技术部署之前要提高技术成熟度。因此，一个长期的、综合的研究开发计划是实现部署目标的基础。产业联合项目（joint industry projects, JIP）的开发是石油和天然气行业的常见做法，也是为新开发项目分担风险、分享资源和成果的一个机会。不同能力和学科的整合，收集不同合作伙伴的专业知识，也必须成为前面所述的长期综合研究开发计划的一部分。

结　　论

全社会都需要保护自然资源。各个国家的发展不可避免地伴随着人类对海洋的开发利用。尽管如此，人类对自然资源开发利用的活动产生的影响对环境来说至关重要，不应考虑任何对环境不友好的解决方案来获取、开采和加工来自地球的自然资源。

本文介绍了产业链中已经观察到的挑战。自人类历史开始以来，就创造和发展技术来开发和利用自然资源，从而实现繁荣，然而却带来了使地球退化的附带效应。尽管如此，技术也是减少甚至扭转环境影响的关键。因此，行业和政府应致力于新的技术，以更清洁、更高效、更安全、更可靠且仍然营利的方式开发利用海洋。

满足深海勘探和开发的行业需求至关重要。就研究领域和待开发的关键技术而言，采用综合的和多学科的方法对于成功克服环境挑战和利用先进的人工智能技术开发新一代水下系统非常重要。

参 考 文 献

[1] Yanosek K, Rogers M (2018) Unlocking future growth for deepwater in the Gulf of Mexico

[2] Cuyvers L, Berry W, Gjerde K, Thiele T, Wilhem C (2018) Deep seabed mining: a rising environmental challenge [Internet]. https://twitter.com/IUCN/

[3] Beltrao R L C, Sombra C L, Lage A C V M, Netto J R F, Henriques CCD (2009) Challenges and new technologies for the development of the pre-salt cluster, Santos Basin, Brazil. In: Offshore technology conference. https://doi.org/10.4043/19880-MS

[4] De Luca P, Carballo J, Filgueiras A, Pimentel G, Esteban M, Tritlla J et al (2015) What is the role of volcanic rocks in the Brazilian pre-salt? In: Annals from 77th EAGE conference and exhibition. https://doi.org/10.3997/2214-4609.201412890

[5] Estrella G (2011) Pre-salt production development in Brazil. In: 20th World petroleum congress, vol 4. https://doi.org/10.1061/9780784409374

[6] Zhang J G, Wu X, Qi Y Z(2013) Research on 3D marine electromagnetic interferometry with synthetic sources for suppressing the airwave interference. Appl Geophys 10. https://doi.org/10.1007/s11770-013-0403-3

[7] Mittet R, Morten J P (2012) Detection and imaging sensitivity of the marine CSEM method. Geophysics 77:E411-E425. https://doi.org/10.1190/geo2012-0016.1

[8] Abelha M, Petersohn E (2018) The state of the art of the Brazilian pre-salt exploration. 2018 AAPG Annual Convention & Exhibition

[9] Revol J P, Bourquin M, Kadi Y, Lillestol E, De Mestral J C, Samec K (2013) Thorium energy for the world. In: Proceedings of the ThEC13 conference, pp 27-31

[10] Srujana B S, Neha, Mathews P, Harigovindan V P (2015) Multi-source energy harvesting system for underwater wireless sensor networks. Procedia Comput Sci 46:1041-1048. https://doi.org/10.1016/j.procs.2015.01.015

[11] Ellefsen K O, Lepikson H A, Albiez J C (2017) Multiobjective coverage path planning: enabling automated inspection of complex, real-world structures. Appl Soft Comput 61:264-282. https:// doi.org/10.1016/j.asoc.2017.07.051

[12] Santos H, Paz P, Kretli I, Reis N, Pinto H, Galassi M et al (2018) Proposal and experimental trials on an autonomous robot for rigless well intervention. In: SPE annual technical conference and exhibition. Society of Petroleum Engineers, Dallas, Texas. https://doi.org/10.2118/191513-MS

[13] Ahnert A, Borowski C (2000) Environmental risk assessment of anthropogenic activity in the deep-sea. J Aquat Ecosyst Stress Recover 7:299-315. https://doi.org/10.1023/A:1009963912171

[14] Abramowski T, Baláž P (2017) Structural aggregation of feasibility factors for the assessment of the polymetallic nodules deep sea mining value chain. Paper presented at the The 27th International Ocean and Polar Engineering Conference, San Francisco, California, USA, June 2017

[15] Halfar J, Fujita R M (2007) Danger of deep-sea mining. Science (80-) 316:987. https://www.jstor.org/stable/20036268 (American Association for the Advancement of Science)

第二部分
系统设计、动力学和控制

在接下来的部分,将从硬件到软件的多个不同层级,介绍如何应用现代人工智能技术来拓展水下机器人的能力和应用领域,从而实现自主水下航行器长期运行并能常驻水下的愿景。由于海水环境会给在陆地领域中已成功应用的人工智能方法带来巨大影响,因此在这个方面会产生多种多样的科学上和技术上的挑战。第4~6篇文章将从机器人面临的物理挑战开始,从方法论和技术层面来探讨如何解决这些关键问题。

在这部分的开篇,将深入介绍航行器的船体及其优化潜力,因为它是暴露于水下环境中的最主要部分。通过引入设计变更,可以实现耐压性和机械稳定性,提高流体动力效率,并增加防腐蚀和污损防护。

船体的结构和设计也是实现水下系统模块化和可配置性的关键因素,通过增加对新情况(甚至可能是未知的)的通用性和适应性,从而提升水下系统的可用性。除了强调模块化系统方法的优势外,第5篇文章还给出了一套模块化接口的设计准则。

为了能够对各种情况做出相应的反应,推进系统必须保证机器人航行器能在所有六个自由度上移动。利用可重构系统优势的同时,也带来了更多的挑战,例如,为了实现水下机器人的良好性能要考虑驱动装置的尺寸。因此,第6篇文章不仅着眼于电机设计和控制,还介绍通过机器学习、自适应识别和控制实现优化。该部分还说明目前水下航行器中经常缺少的自我诊断能力可以通过集成系统的方法实现。因为要在系统中安装更高密度的传感器,所以控制实体的通信变得越来越重要。对常驻海底的系统来说,不仅其内部通信是一个重要的相关因素,从操作员到自主水下航行器的通信或在一个集群中协同工作的多个系统(如对于物体的联合操纵)之间的通信也很重要。不得不说,由于海水介质的物理特性,目前稳定的、具有高带宽的通信连接仍然是无法实现的。针对这种情况,第7篇文章引入语义通信方法,该方法允许减少传输的数据量。此外,也可使用机器学习等人工智能方法来提高通信效率。

对水下航行器来说,无论是为了收集和记录环境特征而进行的环境采样,还是进行水下结构体的检查和维护,与环境的直接接触和相互作用是必不可少的,为了能在水下进行精确和灵巧的操纵,必须在系统上安装操纵装置。无论环境压力如何,都必须在机械手和/或末端执行器上配备传感设备,从而可以对接触力进行精细分辨的测量,以执行力敏任务(force-sensitive tasks),本部分的最后一篇文章从机电一体化概念和机械手的控制策略两个方面来讨论这个话题。

智能蒙皮——模块化和多用途船体的先进材料和制造

拉尔夫·巴赫迈尔，多罗特娅·施蒂宾

Ralf Bachmayer and Dorothea Stübing

摘要 船体（hull）或蒙皮（skin）作为自主水下航行器（AUV）必不可少的基本部分，与周围环境直接接触且接触面积巨大，应为各种系统组件提供一个保护层，且应该是一个高效的流体动力学容器。这些基本要求带来了一系列设计挑战，例如耐压机械稳定性、流体动力学效率、防腐蚀和污损保护等方面的挑战，但与环境的接触界面也提供了迄今为止尚未充分利用的各种机会。本文讨论了这些挑战和机遇，并确定了潜在的新解决方案，使AUV船体向智能蒙皮过渡转型。

引　言

AUV面世于20世纪50年代，自20世纪90年代以来使用量不断增加，其基本的设计和建造方法并没有发生重大变化。AUV有两种主要类别：悬停（hovering）型和勘测（survey）型航行器。过去几年最重要的发展是为研究界提供低成本浅水鱼雷形的AUV，开发更紧凑的悬停型AUV［如DFKI的"比目鱼"（Flatfish）[1]、英国萨博（Saab）公司的"剑齿虎"（Sabertooth）[2]］以及开发远程AUV功能［如蒙特雷湾水族馆研究所（Monterey Bay Aquarium Research Institute, MBARI）的特提斯（Tethys）级航行器[3]、英国国家海洋研究中心的Autosub LR[4]和Teledyne Hybrid Slocum水下滑翔机[5]］。在这种情况下，远程航行器能够在1000km以上的范围运行，并拥有数周和数月的续航时间。与此同时，无人水面平台[6]的开发和运行取得了巨大成功，该平台一次可以运行数周和数月。随着这些水面和水下长

R. Bachmayer（通信作者）
Werner Siemens Innovation Center for Deep-Sea Environmental Monitoring, MARUM — Center for Marine Environmental Sciences, University of Bremen, Leobener Str. 8, 28359 Bremen,Germany（维尔纳·西门子深海环境监测创新中心，MARUM海洋环境科学中心，不来梅大学，莱奥本纳街8号，不来梅，德国，28359）
e-mail: rbachmayer@marum.de

D. Stübing
Fraunhofer Institute for Manufacturing Technology and Advanced Materials IFAM, Wiener Str.12, 28359 Bremen, Germany（费劳恩霍夫制造技术和先进材料研究所，维纳街12号，不来梅，德国，28359）

© Springer Nature Switzerland AG 2020
F. Kirchner et al. (eds.), *AI Technology for Underwater Robots*,
Intelligent Systems, Control and Automation: Science and Engineering (ISCA volume 96),
https://doi.org/10.1007/978-3-030-30683-0_4

续航平台的出现，改进系统的可靠性是部署海底常驻系统迫切需要得到提高的重要努力方向。这些系统被设想为例行或是事件驱动式地检查基础设施，或是去观察科学上令人感兴趣的且不断变化的特征。实现长期部署的需求给以往 AUV 关键路径上没有考虑的几方面提出了挑战，包括进一步提高系统对冲击或碰撞的稳健性、防止污损和减小流体动力阻力。尤其是生物附着[7]是一个非常重要的问题，它与流体动力学性能有关，而且在单个传感器上的附着也是一个重要问题，目前需要在任务前和任务后对传感器进行仔细校准，以纠正由于附着引起的潜在测量误差[8]。

保护功能——生物污损控制

AUV 船体的核心功能是环境暴露防护。船体的外表面需要足够坚固，以在撞击后保持系统的完整性，并且提供流线型的外壳，以最大限度地减少与水动力阻力相关的损失。在某些情况下，船体也是压力容器的一个组成部分，其中包含重要的子组件，例如电源和计算系统。但最重要的是，船体代表了海洋环境与航行器之间的物理屏障和界面，因此其表面受海洋中机械、化学和生物过程的影响较大。在这种情况下，防止生物污损，即固着生物对船体的定殖，是 AUV 长期任务成功的先决条件。特别是在透光区，其上面的水层可接收到足够的阳光进行光合作用，物体表面会迅速被各种不同的生物定殖，一般遵循演替的典型模式（图1，另见文献[9]~[11]）。通常生物污损始于有机大分子的物理吸附和单个细菌的附着，在几小时内，一个更复杂的生物膜开始形成，其中也包含单细胞藻类。这为多细胞藻类的孢子以及软硬底栖生物的幼体提供了栖息地。繁殖体在船体表面的探索和附着是一个复杂的过程，由不同的线索驱动，其中化学信号起着重要作用[12]。通常，不同物种对硬基质的定殖被认为是协同的[13]，即细菌生物膜是海洋无脊椎动物幼体成功附着的重要引发物。

图 1　水下表面典型的定殖过程

（修改自文献[9]，编辑注：扫封底二维码查看彩图）

在长期任务中，由于固着生物的幼体存在于相应的水体中，没有任何生物污损防护的 AUV 船体可能会长满大量的固着生物（图 2）。前面提到的长续航航行器的可用性已表明解决生物污染效应是十分重要的，要防止严重的性能下降甚至平台损失。在某些情况下，当系统在生物生产力高的地区运行时，数周内就会积累能够显著限制航行器性能的附着物。图 2 显示了在佛得角（the Cape Verde）和加那利群岛（Canary Islands）之间运行 2～3 周后波浪滑翔机水下部分的照片。这些长续航的航行器针对节能推进进行了优化，在水中移动速度相对较慢，因此生物附着对它们的影响比其他海洋系统更为明显。

图 2 底部图片显示了 MARUM 的 Wave Glider® 被大西洋鹅颈藤壶（*Pollicipes pollicipes*）污损的状况（©Dario Évora，INDP-Mindelo，Cape Verde，2017 年），上面图片为洁净版，以供对比

（编辑注：扫封底二维码查看彩图）

此外，对于航运业，生物附着也有许多不利影响，例如与燃料消耗增加和温室气体排放相关的流体动力阻力增加、机动性受损、微生物导致的腐蚀引起的材料降解增强，以及生态影响即引入非本土物种。生物附着对水动力阻力的影响是显著的（参见文献[14]），微生物生物膜可能导致总阻力增加 11%，重度钙质污垢甚至导致总阻力增加 80%（相对于给定的 15kn 船速，对慢行航行器的影响会更大）。

这些负面影响中有许多也会影响到 AUV 的运行，因此防止生物附着至关重要。有两大类最先进的生物污损防护技术：①杀死生物（主要是铜基）的可控销蚀型聚合物（controlled depletion polymers, CDP）或自抛光共聚物（self-polishing co-polymers, SPC），它们持续释放有毒化合物进入周围的水中[15, 16]；②污损可脱附型涂层（fouling release coatings, FRC），可降低沉积在涂层表面的生物体的附着力[17, 18]。不过，这两种技术都需要一定的剪切来流的作用（流致剪切力）才能充分发挥其性能，而无人驾驶航行器的极低速度（0～2m/s）是一个巨大的挑战，会导致传统的防污/防附着控制涂层无效。

污损防护不仅对于移动部件很重要，对于海底常驻结构体也很重要。在大多超过 1000m 的深水区，污损的压力低于浅水区（光合作用带通常位于 200m 以上的海洋表层），而在软底质层海区，硬基质很稀缺，常驻的人造结构体就成为有吸引力的附着场地，因此，只有防止附着生物过度生长，可移动组件（如可移动的控制操作台、方向舵）或传感器等关键功能部件才能正常使用。

水动力效率

对于执行长期任务的 AUV，能源效率是一个关键问题，因此，流体动力学在最小化与水动力阻力相关的能量损失方面发挥着重要作用。阻力包括两个部分：与黏度相关的摩擦力和与压力相关的力。后者是一种函数形式，可以通过先进的计算流体力学和模型船的水槽实验研究进行有效优化。反过来，阻力中以黏度为主的摩擦部分变得越来越重要。

如上所述，生物附着会导致水动力阻力的急剧增大，这强化了有效船体保护的重要性。除了水动力学上光滑的船体表面以外，摩擦阻力还可以进一步降低。生物进化已经产生了几种提升水动力效率的方法，因此观察自然可以提供宝贵的灵感。例如，可快速游泳的鲨鱼皮肤上的盾状鳞片配备有棱纹的表面纹理，其朝向与沿着身体的主要水流方向一致［图 3（a）］。这些波纹减少了小尺度涡结构之间的能量密集型交换，有助于减少湍流边界层中的损失（图 4[19, 20]）。科研人员在技术上已经采用并实现了鲨鱼皮式的纹理［（图 3（b）］，并经测试成功实现了湍流状态下降低摩擦阻力[21-23]。

另一种仿生方法采用的是海豚的生物模型。海豚的表皮下有一层厚厚的软鲸脂，可以通过延迟层流到湍流的转变来减少阻力[24]。其潜在的机制建立在柔韧表面对层流边界层的稳定作用上。一种人造的海豚皮已被开发出来，模仿具有不同特性的两层材料，即代表脂肪的相对厚、柔软、可塑的内层和代表真皮的较硬但仍然柔韧的外层[22]。这种人造海豚皮被用到船首部分的模型，结果表明摩擦阻力降低了 6%（图 5[25, 26]）。对缓慢移动的 AUV 来说，通过船体涂层来实现节能的概念将会是一个有前景的解决方案。

（a） （b）

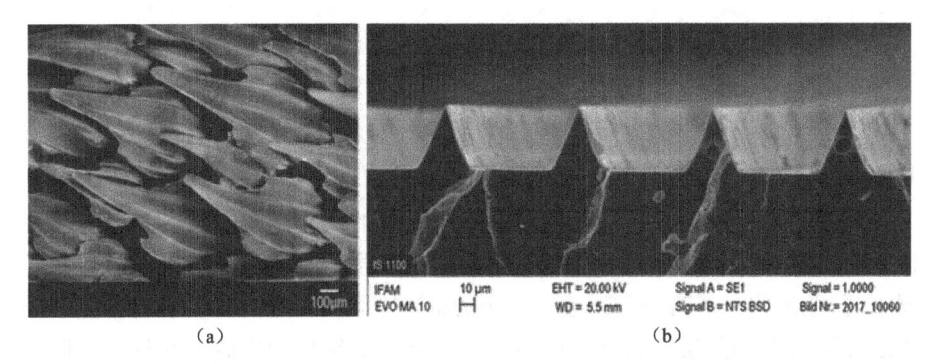

图3 鲨鱼皮的扫描电子显微照片（© Alex Hyde-www.alexhydephotography.com）（a）和具有减阻凹槽纹理的海洋污垢释放涂层的技术实现（b）

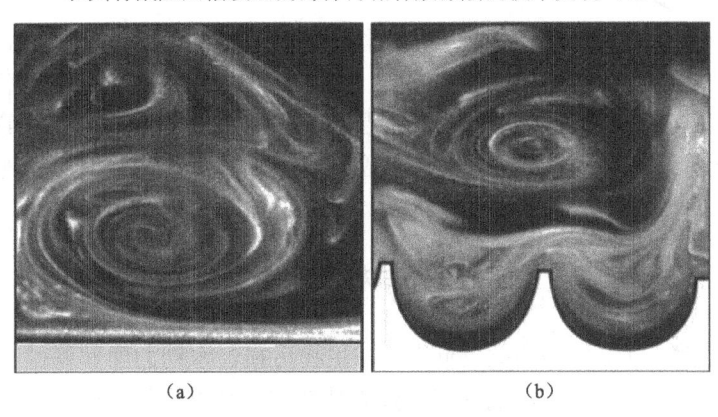

（a） （b）

图4 流向涡流的湍流可视化：（a）来自平板的垂直截面，
（b）来自带纹路纹理表面的垂直截面

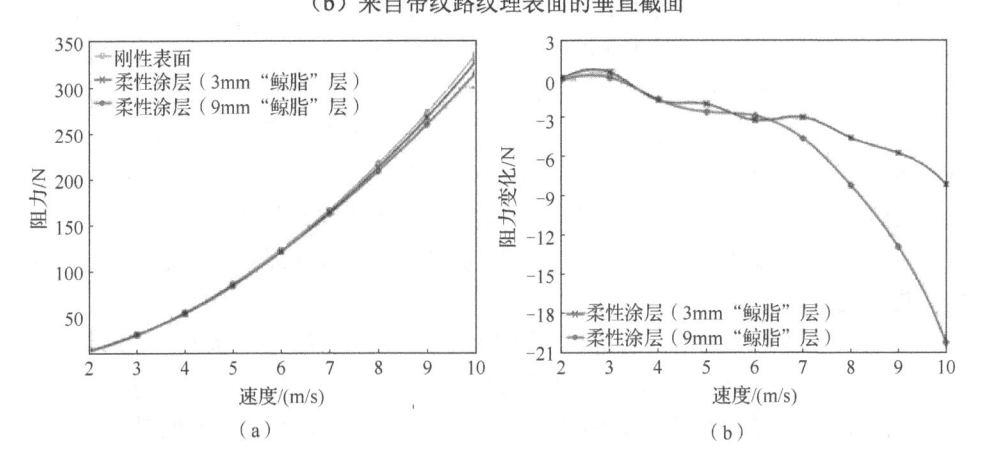

（a） （b）

图5 刚性船首和两种不同厚度内"鲸脂"层柔性表面的船首部分的阻力与
水流速度的关系（a），相对刚性表面，两种柔性涂层实现的减阻（b）[25,26]
（编辑注：扫封底二维码查看彩图）

集成的感知

蒙皮表现为与周围环境的一个大的接触面，因此非常适合检测和传输环境的信号。

正如水动力优化的人造海豚皮肤技术所设想的那样，柔性蒙皮材料可以进一步嵌入特定的传感器（如机械性刺激感受器、声学、电容、电感、温度或光学传感器）。已经证明，具有一定厚度（约 10mm）的柔软可塑的有机硅材料能够沿着船体表面形成有利的层流条件，因此非常适合感知结构的集成。此外，它们可以被制成透光的，以便能集成光学仪器。不过这种传感器集成对水动力性能的潜在影响需要进一步研究。

另一个重要的有利条件是在运行过程中可以直接和间接地检测表面的状况。直接的方法包括集成的蒙皮状况传感器，例如电感/电容传感元件和电活性聚合物（electroactive polymers, EAP），通过表面界电特性的变化和增加的表面剪切来直接测量污损的程度，而间接的方法则依赖在机器学习框架中观察航行器性能以提取污损信息。

展望与未来工作

在此之前，以上提到的关键问题——生物污损、水动力学和稳健性已经被单独或两两组合进行了研究。现在需要做的是把这三个方面放在一起研究，因此需要新颖的协同解决方案来确保功能性。

在这方面，功能性涂层和清洁的组合似乎很有希望，特别是对于难以采用依赖流动的污损防护技术的静止物体。主动清洁可以由类似于清洁鱼的生物模型的小型清洁机器人来完成，或者被动地由 AUV 航行通过海底常驻机械清洁站来进行。按需维护的概念可以通过传感器直接监控污损水平，或通过间接观察到阻力增加或是其他可观察到的航行器性能降低/改变的污损效应，然后在必要时发出清洁命令来实现。在机器学习技术与基于模型的车辆关键参数估计和性能预测相结合的帮助下，清洁机器人可以学习何时需要在特定位置（船体段、螺旋桨、传感器）进行清洁。

从未来发展角度来看，为进一步增加 AUV 蒙皮的能力范围和让 AUV 蒙皮产生真正的智能，诸如集成高级自适应结构件和组件的驱动功能、用于产生生物发光的自我维持生物系统、吸收和识别特定物质（如重金属）的潜力等问题值得考虑。

参 考 文 献

[1] Albiez J et al (2015) FlatFish—a compact subsea-resident inspection AUV. OCEANS 2015—MTS/IEEE Washington, Washington, DC, pp 1-8. https://doi.org/10.23919/oceans.2015.7404442

[2] Johansson B, Siesjö J, Furuholmen M (2010). Seaeye Sabertooth A Hybrid AUV/ROV offshore system. OCEANS 2010 MTS/IEEE SEATTLE, Seattle, WA, pp 1-3. https://doi.org/10.1109/ oceans.2010.5663842

[3] Hobson B W, Bellingham J G, Kieft B, McEwen R, Godin M, Zhang Y (2012). Tethys-class long range AUVs—extending the endurance of propeller-driven cruising AUVs from days to weeks. 2012 IEEE/OES Autonomous Underwater Vehicles (AUV), Southampton, pp 1-8. https://doi. org/10.1109/auv.2012.6380735

[4] Furlong M E et al (2012) Autosub long range: a long range deep diving AUV for ocean monitoring. 2012 IEEE/OES Autonomous Underwater Vehicles (AUV), pp 1-8. https://doi.org/10.1109/auv.2012.6380737

[5] Claus B, Bachmayer R (2016) Energy optimal depth control for long range underwater vehicles with applications to a hybrid underwater glider. Auton Robot 40(7):1307-1320

[6] Manley J, Willcox S (2010) The wave glider: a persistent platform for ocean science. OCEANS 2010 IEEE-Sydney, pp 1-5

[7] Haldeman C D et al (2016) Lessening biofouling on long-duration AUV flights: behavior modifications and lessons learned. OCEANS 2016 MTS/IEEE Monterey, pp 1-8

[8] Cetinić I et al (2009) Calibration procedure for Slocum glider deployed optical instruments. Opt Express 17(18):15420-15430. https://doi.org/10.1364/OE.17.015420

[9] Kirschner C M, Brennan A B (2012) Bio-inspired antifouling strategies. Annu Rev Mater Res 42:211-229

[10] Haras D (2006) Biofilms et altérations des matériaux: de l'analyse du phénomène aux stratégies de prévention. Mater. Tech. 93:s.27-s.41. https://doi.org/10.1051/mattech:2006003

[11] Rosenhahn A, Schilp S, Kreuzer H J, Grunze M (2010) The role of "inert" surface chemistry in marine biofouling prevention. Phys Chem Chem Phys 12:4275-286. https://doi.org/10.1039/ C001968M

[12] Pawlik J R (1992) Chemical ecology of the settlement of marine invertebrates. Oceanogr Mar Biol Annu Rev 30:273-335. https://doi.org/10.1023/A:1020793726898

[13] Huggett M J, Williamson J E, de Nys R, Kjelleberg S, Steinberg P D (2006) Larval settlement of the common Australian sea urchin *Heliocidaris erythrogramma* in response to bacteria from the surface of coralline algae. Oecologia 149:604-619. https://doi.org/10.1007/s00442-006-0470-8

[14] Schultz M P (2007) Effects of coating roughness and biofouling on ship resistance and powering. Biofouling 23(5):331-341. https://doi.org/10.1080/08927010701461974

[15] Chambers L D, Stokes K R, Walsh F C, Wood R J K (2006) Modern approaches to marine antifouling coatings. Surf Coat Technol 201:3642-3652

[16] Finnie A A, Williams D N (2010) Paint and coatings technology for the control of marine fouling. Biofouling, pp 185-206. https://doi.org/10.1002/9781444315462.ch13

[17] Callow J A, Callow M E (2011) Trends in the development of environmentally friendly fouling-resistant marine coatings. Nature Commun 2:244

[18] Lejars M, Margaillan A, Bressy C (2012) Fouling release coatings: a nontoxic alternative to biocidal antifouling coatings. Chem Rev 112(8):4347-4390. https://doi.org/10.1021/cr200350v

[19] Lee S J, Lee S H (2001) Flow field analysis of a turbulent boundary layer over a riblet surface. Exp Fluids 30:153-166. https://doi.org/10.1007/s003480000150

[20] Dean B, Bhushan B (2010) Shark-skin surfaces for fluid-drag reduction in turbulent flow: a review. Phil Trans R Soc A 368:4775-4806. https://doi.org/10.1098/rsta.2010.0201

[21] Bechert D W, Bruse M, Hage W, Meyer R (2000) Fluid mechanics of biological surfaces and their technological application. Naturwissenschaften 87:157-171
[22] Stenzel V, Schreiner C, Brinkmann A, Stübing D (2016) Biomimetic approaches for ship drag reduction—feasible and efficient? In: 10th Symposium on high-performance marine vehicles, HIPER 2016: Cortona, Italy, 17-19 October 2016, pp 131-140
[23] Benschop H O G, Guerin A J, Brinkmann A, Dale M L, Finnie A A, Breugem W P, Clare A S, Stübing D, Price C, Reynolds K J (2018) Drag-reducing riblets with fouling-release properties: development and testing. Biofouling 34(5):532-544. https://doi.org/10.1080/08927014.2018.1469747
[24] Gad-El-Hak M (1996) Compliant coatings: a decade of progress. Appl Mech. Rev 49:147-157. https://doi.org/10.1115/1.3101966
[25] Schrader L U (2016) Drag reduction for ships: drawing inspiration from dolphins. In: 10th symposium on high-performance marine vehicles, HIPER 2016: Cortona, Italy, 17-19 October 2016, pp 187-192
[26] Stenzel V, Schreiner C, Föste V, Baumert M, Schrader L U (submitted) Dolphin inspired compliant coatings for drag reduction of ships. J Coat Technol Res

水下航行器的模块化和可重构系统设计

马克·希尔德布兰特，肯尼思·施米茨，罗尔夫·德雷克斯勒

Marc Hildebrandt, Kenneth Schmitz and Rolf Drechsler

引　言

模块化和可重构的系统设计工作，通过扩大水下航行器对于新情况和新场景的适应性和通用性，提高水下航行器的可用性。这可以通过硬件上模块化的系统设计和软件上的可重构系统来实现。这项工作是必不可少的，因为当前的水下航行器设计通常是为特定任务量身定制的，或是完全开放式的框架。尽管后一种更通用，但它几乎只存在于 ROV 系统中，因为开放式框架设计通常伴随着水动力学优化的限制，这就需要强大的推进器以提供巨大的能量。有一些 AUV 系统采用模块化设计，但这些设计通常不会将模块纳入车辆控制框架：附加模块独立于航行器的主控制，并且仅用于数据采集。

当前设计方法概述

本节回顾了现有水下航行器中典型的航行器设计方法，并总结了它们的主要特点。

M. Hildebrandt（通信作者）
DFKI-RIC, Robert-Hooke-Str. 1, 28359 Bremen, Germany（德国人工智能研究中心机器人创新中心，罗伯特-胡克街 1 号，不来梅，德国，28359）
e-mail: marc.hildebrandt@dfki.de

K. Schmitz
DFKI-CPS, Bibliothekstr. 5, 28359 Bremen, Germany（德国人工智能研究中心网络物理系统研究部门，图书馆街 5 号，不来梅，德国，28359）
e-mail: kenneth.schmitz@dfki.de

R. Drechsler
DFKI-CPS and University of Bremen, Bibliothekstr. 5, 28359 Bremen, Germany（德国人工智能研究中心网络物理系统研究部门，不来梅大学，图书馆街 5 号，不来梅，德国，28359）
e-mail: rolf.drechsler@dfki.de

© Springer Nature Switzerland AG 2020
F. Kirchner et al. (eds.), *AI Technology for Underwater Robots*,
Intelligent Systems, Control and Automation: Science and Engineering (ISCA, volume 96),
https://doi.org/10.1007/978-3-030-30683-0_5

外壳和相互联结性

水下航行器设计的关键要求之一是使航行器的电子元件不受目标环境（也就是处于高压下且浸泡在水中）的影响。这可以通过多种方式来完成，这些方式都有其特定的优点和缺点。对于这项工作，将确定以下策略。

（1）耐压外壳。

耐压外壳将设备保持在大气压下，形成隔绝水体和承受外部压力的边界。由于浸泡在水中的深度很深，外壳上受到的力很大，所以它们往往是管状或球形的。尽管它们的材料很重，但对水下航行器来说，它们具有包含空气、产生一些浮力和减少重量影响的优势。

（2）树脂铸件。

树脂铸件通常用于防水和具有一定程度压力保护的设备。这种树脂铸件被大量广泛地应用于浅水潜航器，因为它便宜且易压实。树脂浇铸的主要优势之一是可以选择打开和排空外壳以进行维护。由于外壳本身受到的压力差太大，因此它们的形状可以非常多样化，并且通常只有很小的外壳尺寸。

（3）充油式压力平衡。

充油式压力平衡（pressure balanced oil filled, PBOF）外壳与耐压的电子/机械组件结合使用，以防止组件与海水接触。

可以根据所使用的外壳数量对航行器设计进行分类。在整体化的方法中，外壳的数量要尽可能地少，这样做的优点是可用更复杂（通常是定制）的外壳作为代价来减少外部连接器和电缆的数量。由于某些设备（作动器如推进器等、传感器如声呐等）需要直接浸入水中，一个没有连接器的航行器几乎不可能实现。截然不同的另一种设计策略是基于框架的方法，其中许多设备（可以使用不同的外壳封装方法）通过支撑结构连接在一起，并通过水下电接插件实现通信。这种方法的优点是，由于许多水下传感器系统都可以在浸入式外壳中使用，更容易实现 CotS（商用货架产品）组件的集成。其主要缺点是水下电接插件和布线的数量会很多。随着深度的增加，水下电接插件往往体积庞大，并且与所需的电缆一起构成航行器质量的很大一部分。

这项工作的目的是找到一种模块化和可重构的设计方法，因此可扩展性问题是现有航行器分类的一个重要因素。这里最重要的因素是航行器所用接口的标准化。这可以像提供带有指定的通信和电源线的扩展端口一样简单，但由于没有此类端口的总标准，通常在现有航行器上的扩展需要在外壳上进行工作（接线、接口选择等）。有一些"生态系统"可以实现这种多功能性，例如 Schilling Robotics 公司的数字遥测系统（digital telemetering system, DTS），它使用明确指定的接口系统来应用于其 ROV 系统中的所有组件（图 1）。另一个例子是 Gavia AUV 系统，它所采用的设计是多个模块组装成具有不同功能的 AUV（图 2）。它们使用整体式方法，组装后所有模块形成一个单一的耐压船体，通过模块隔离壁上的干式连接器实现接口连接。

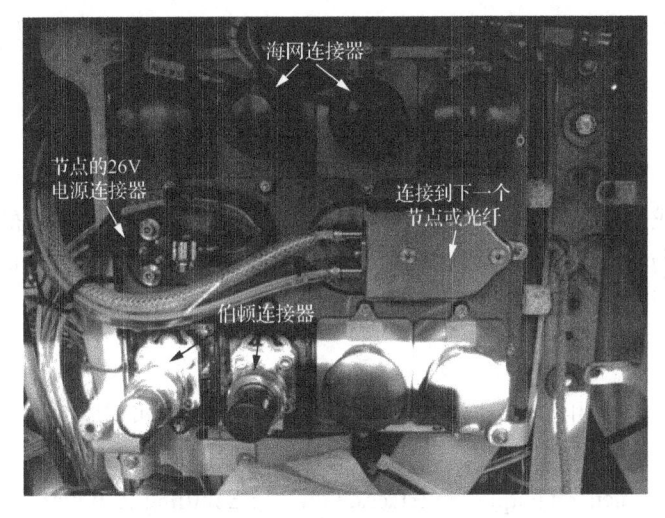

图 1　ROV 系统的 DTS 节点：每个端口提供 26V@250W 电源和一个可选接口（快速以太网、串行通信或模拟视频）

（编辑注：扫封底二维码查看彩图）

可以使用两种不同类型的连接器［伯顿（Burton）或海网（SeaNet）］。图片经亥姆霍兹海洋研究中心授权使用

图 2　Teledyne 的 Gavia AUV 的两种不同配置选项

（编辑注：扫封底二维码查看彩图）

每个船体部分都包含一个单独的功能组件，并带有其机电接口。图像版权归属 Teledyne-Gavia

控件基础设施

对于许多整体式航行器，控件基础设施（control infrastructure）的作用是基于特定航行器把每个传感器直接连接到中央处理单元。这是与较大的航行器，尤其是 ROV，有所不同的地方。对 ROV 来说，可扩展性更为常见。出于远程操作与使用的需要，ROV 系统具有在单个点（控制干缆）获得所有传感器数据的能力，典型的是快速数据总线（通常上是光纤的）。文献[1]中描述了一种控制体系架构，该架构中有一部分是通过多个压力外壳之间的以太网来连接的。单个传感器和作

动器直接连接到单个船体中的处理单元，以太网连接作为特定设备总线的补充连接。文献[2]中描述了经常使用的后座控制架构，其中航行器导航和控制系统完成航行器的基本操作，有效载荷计算机用于传感器处理和自主化运行处理。

模块化航行器设计

模块化和可重构的系统设计的设想是对"当前设计方法概述"中给出的示例的扩展，形成一组可被作为单个航行器基础的设计规则。由于水下航行器有许多不同的应用场景，因此它并不注重结构设计，而是详细说明连接接口以及控制的设计原则和硬件选择准则。

连接接口

下文将分别说明三种不同的连接接口：用于传感器和扩展的通用接口、用于作动器的高功率接口和用于上行链路或船体间连接的高速率数据接口。

通用接口（general purpose interfaces, GPI）与 Schilling Robotics 公司的 DTS 连接件相似。它们要能与各种传感器进行通信并为这些设备供电，具有千兆带宽的以太网通信线路可提供 12V、24V 或 48V 的电源。借助千兆以太网的带宽，可以解决许多传感器的问题，从数码相机到声学传感器，例如多普勒测速仪（Doppler velocity log, DVL）或成像声呐。由于通过引入非常小的串口转以太网转换器（图3）这样的简单扩展，创建可插入串行设备和 GPI 之间的适配器，因而可以忽略 Schilling Robotics 公司 DTS 中广泛使用但已经过时的串行连接。由于其尺寸较小，转换器可以被浇铸到连接器中，仅略微增加了整个水下连接器的尺寸。电源通过两条线路提供，所需的电压和电流的断开可在配置软件中选择。可以通过使用小型电子熔断器电路来实现当超过配置电流时关闭电路。由于它们是由软件控制的，因此控制系统可以通过适当的措施对此类事件做出反应。因此，GPI 的连接器需要9个带屏蔽层的千兆以太网接口加2个引脚。可能的连接器选型是 SubConn 以太网系列 13 针或 Teledyne-Impulse MSSJ-14 连接器，这两种连接器都对带熔断器电路的功能进行了测试。

图3 Moxa 的串口转以太网转换器
（编辑注：扫封底二维码查看彩图）

高功率接口（high-power interfaces, HPI）用于作动器和能量传输（如充电）。为此，保留两个引脚用于电源传输，另外十个引脚可以用于模拟信号（如用于霍尔传感器读数）或使用千兆以太网进行通信。有意没有指定电压，是因为这会限制其通用性。

高速率数据接口（high-data-rate interfaces, DRI）有两种形式：仅数据接口或数据加电源（DRI+P）接口。使用光纤接口实现数据连接，可处理高达10Gbit的数据速率。这对于带缆遥控、数据传输或隔舱间通信很有用。DRI+P使用混合水下连接器，除了光纤端口外另补充两条可选的电源线（同样为12V、24V或48V）。这对于连接高带宽传感器（如摄像头）非常有用，而无须添加另一个电源连接器。这两种类型有许多连接器型号可选择，例如适用于DRI的Seacon CS-MS或适用于DRI+P的Teledyne-Impulse Omega 53×2系列。

控制设计

控件基础设施是处理板（processing boards, PB）与千兆以太网上行链路的组合。使用千兆以太网作为主要通信总线有许多优点：所有传感器和控制数据在系统中的所有节点都可用，可以轻松构建冗余并且直接集成。随着越来越多的水下设备制造商采用以太网作为接口，能够在一条总线上使用不同速度的设备，这为控制系统提供了强大的主干。所有数据在整个总线上都可用的这一事实实现了多个处理板之间的动态负载分配以及智能电源和存储管理等功能。处理板可以是同质的（同一类型的多个板）或是异质的，即其中的单个板具有特殊的处理能力。这允许根据单个航行器的需求来进行多种组合。图4给出了这种设计的一个例子，在这个特定的例子里，摄像头没有连接到航行器以太网总线上，而是直接连接到各个处理板。

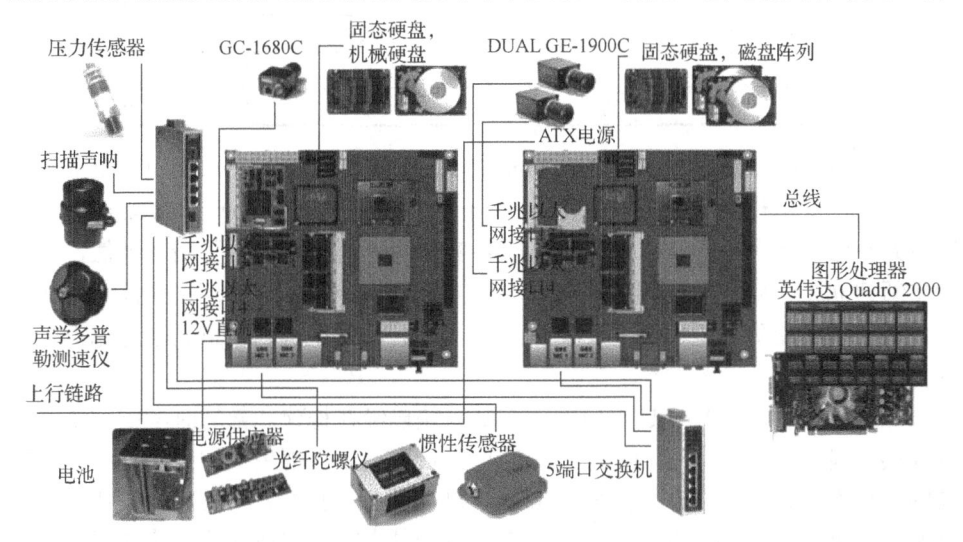

图4 AUV Dagon 数据连接图[3]

（编辑注：扫封底二维码查看彩图）

ATX 为先进技术扩展（advanced technology extended）

可再编程硬件组件的基于容器验证

AUV 必须独立运行，运行过程中无法进行维护。理想情况下，AUV 会在出现故障时返回修理点。新式的现场可编程门阵列（field programmable gate array, FPGA）的动态重新配置功能为创建容错系统提供了高度的灵活性。这些 FPGA 允许运行时对所部署的硬件进行调整。下面将描述两个场景，它们展示了运行时重新配置的好处。

（1）由于深海海流的作用，AUV 相对于其回收地点发生漂移，这需要推进器长时间的活动才能返回。在这种场景中，节能非常必要。为了降低主处理系统的功耗，可在运行时进行功能单元［如算术逻辑单元（arithmetic logic unit, ALU）/浮点处理单元（floating-point processing unit, FPU）/图形处理单元（graphic processing unit, GPU）］的替换。可选的替换单元涵盖范围很广。

表 1 显示了三种不同的 FPU 实现。高级性能扩展指令集（APX）变体基于近似计算的概念，通过接受可容忍的计算错误，以降低功耗来获得较高的计算速度。相比之下，低功耗 FPU（low-power FPU, LP_FPU）能在节省能耗的同时提供准确的结果，但其数据吞吐量显著降低。最后，默认的高速 FPU（high-speed FPU, HS_FPU）以高功耗为代价，高速提供准确的结果。

表 1　处理系统运行时替换可重构 FPU 的示例，路由、导航和其他任务均受相应 FPU 变体的计算能力影响

	APX_FPU	LP_FPU	HS_FPU
功耗	中等	低	高
算术错误	有	无	无
数据吞吐量	高	低	高

（2）FPGA 内采用内建自测试（built-in self test, BIST）方法实现一个故障子模块。由于双重模块或三重模块冗余（triple-modular-redundancy, TMR），错误可以得到补偿。剩余三分之二可用的 TMR 实例将不再被允许用于错误补偿，为了能重新建立 TMR，该故障组件将被重新定位到 FPGA 的另一个仍在运行的区域，该重新定位不能防止危急情况发生，而且 TMR 的保护机制也将无法避免再一次硬件故障。

如前所述（图 4），AUV 内部的控制系统已经在构建和部署时考虑到了冗余以补偿可能的故障。利用 FPGA 级别的重构技术可以实现更大的灵活性和更高程度的稳健性。该技术存在许多实际应用示例，其中包括增加容错[4]、能耗感知资源再配置[5,6]，以及在运行时通过时分多路复用技术[7]实现硬件尺寸的减小。

更为实际的应用是局部重构技术，如图 5 所示。假定系统必须适应运行期间不断变化的需求（即节省功耗和实现更高算力之间的平衡），处理系统中的不同子模块可以在运行时被动态替换。在此特定示例中,当需要计算能力时,可以使用高速 ALU 和 FPU,或者当执行速度不重要时,可以使用更节能的变体(低功耗)。这种设计的实现需要一个可重构的硬件体系架构。

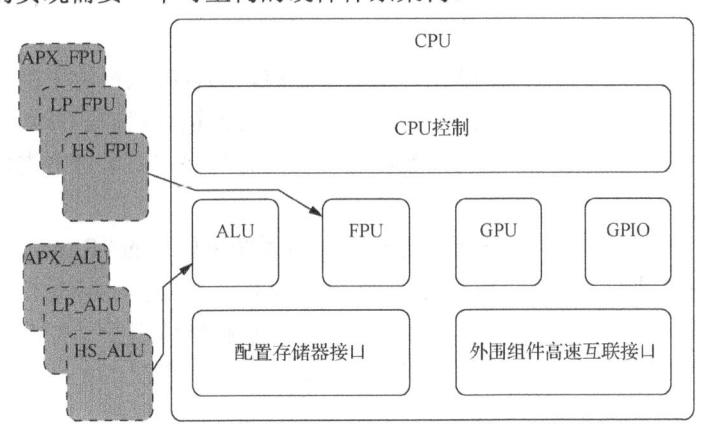

图 5 可能的硬件子模块替换,根据任务需求实现不同的操作配置
GPIO 为通用输入输出(general purpose input output)

图 6 基于演示的目的描绘了一个通用的可重构 FPGA 及其基本组件。FPGA 中的用户自定义槽(RPn)可以由逻辑实现的不同变体动态重写。这些变体即可重构模块(reconfigurable modules, RM)存储在配置内存(memory, MEM)中。如果需要,部分重构配置控制器(partial reconfiguration controller, PRC)会将 RM 写入 FPGA 内的控制端口。

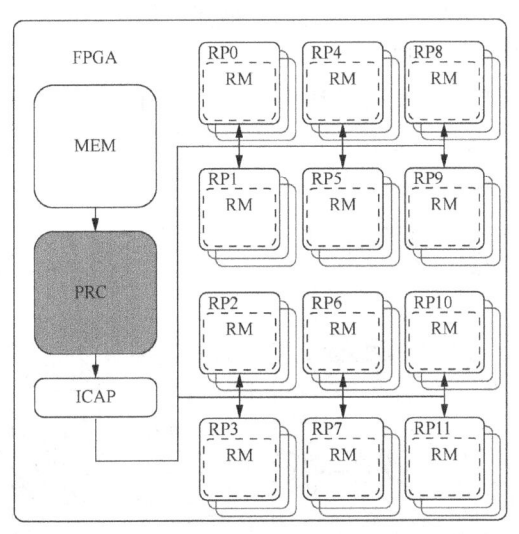

图 6 局部重构技术的基础架构概览
为了演示的需要,使用了可重构部分的布置,可能与实践中不太一致;
ICAP 为内部配置访问端口(internal configuration access port)

采用局部重构技术可显著增加系统的灵活性及其设计空间。在硬件组件安装至印制电路板（printed circuit board, PCB）之前，底层硬件的验证和测试通常只做一次。对于想要部署的应用如果打算在运行时更改硬件架构，那么就需要新的验证和测试的方法。

重新配置组件后，在继续设计后续环节之前，必须确保组件正确运行。系统必须采用类似 BIST 等技术，能够持续地确定自己的运行状态，否则，失败的重构将危及安全运行。为此，研究人员提出了在已有受保护的场景中进行基于容器的验证。

2014 年一项开创性的研究工作提出了针对系统主内存的"Rowhammer"攻击（通过软件攻击硬件）的可靠检测方法[8]。此方法的一个主要优势是相对较低的硬件开销，同时保持可被证明的正确运行。这种方法特别适用于 AUV 不同舱室的接口逻辑。它可以在运行时检测和纠正违反通信协议的情况（尤其是在共享介质的情况下）。

由于设想的 AUV 硬件架构涉及多个处理系统，这些系统执行软件时容易受到攻击或出现错误（在芯片内），因此整个系统可能也要在指令级别上受到保护。根据触发的情况，恶意或意外执行特定指令序列可能会导致控制系统失效，因此可能需要通过监视定时器（watchdog）重新启动系统。为了解决这种可能的停机问题，一个更复杂的容器化验证概念被应用于现代精简指令集计算机（reduced instruction set computer, RISC）处理器的设计中。基于指令筛选的体系架构，保护所设计的 RISC 处理器在执行过程中不会出现基于错误或攻击的故障[9]。

文献[9]中对指令筛选架构技术进行了概述，如图 7 所示。处理器与其主存储器之间的通信被观察（即筛选），以避免存在可能有害的指令。故障保护会激活一种低延迟机制，该机制通过软件替换将执行延迟到预定义的区域。在文献[9]中，假设 mul 指令中存在缺陷，则乘法运算会被替换为效率较低的运算。应用形式化验证来确保所加逻辑的正确操作。

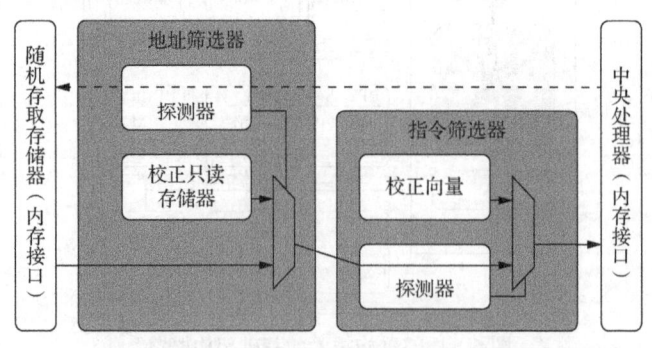

图 7　文献[9]中对指令筛选架构技术进行了概述，指令筛选器通过插入校正向量来推迟指令执行，地址筛选器随后从校正 ROM 中提供替换代码（虚线为地址线，实线为数据线）

从软件的角度也使用同样的概念，可以在没有额外（即专用）硬件的情况下使用此方法。Aho-Corasick 字符串匹配算法用于在运行时监控已执行的软件，以便观察指令流中可能存在的有害指令（或其序列）[10]。

以类似的方式，自我验证[11]提供了针对意外系统故障的额外保护，并在早些时候得到了解决[12]。与常规做法相比，如果仅对操作至关重要的功能进行验证和测试而留下部分设计未验证，那么系统可以更早地被调度或部署。当系统进入运行模式后，只有验证可以动态地按需实现时，这种方法才适用。使用额外的验证硬件可以弥补上述差距，因为它允许硬件系统在运行时验证。显然，验证的引擎本身需要在一开始就被验证。

文献[12]的作者提出了一个验证引擎（即 SAT-Solver），该引擎是为内嵌到硬件设计中而构建的。与传统的 SAT-Solver 不同，它们不需要任何操作系统或任何类型的函数库，因为它们以内存映射方式运行，甚至可以完全作为整个系统设计中的独立硬件子模块而存在。高计算能力和低延迟是这项开创性工作在该领域的主要优点。

所有这些技术都为系统的安全运行提供了额外的保障，目的是提高控制和通信系统的可靠性，这对于水下航行器的自主运行至关重要。

展　　望

为了测试本文中提出的设计想法的可行性，应该考虑开发一个真正的机器人系统来实施这些想法。部分内容已经在"EurEx-SiLaNa"项目背景下开发的 AUV "DeepLeng"设计中完成。其他方面，特别是基于容器的验证可以继续在多个平台上进行测试和开发，中期目标是将这种结构实现到一个功能性的水下航行器中，并评估它们在实际任务中的优势。

参　考　文　献

[1] Sangekar M, Chitre M, Koay T B (2008) Hardware architecture for a modular autonomous underwater vehicle starfish. OCEANS 2008:1-8 Sept

[2] Eickstedt D P, Sideleau S R (2009) The backseat control architecture for autonomous robotic vehicles: a case study with the iver2 AUV. OCEANS 2009:1-8 Oct

[3] Hildebrandt M, Hilljegerdes J (2010) Design of a versatile AUV for high precision visual mapping and algorithm evaluation. In: Proceedings of the 2010 IEEE AUV Monterey, Monterey

[4] Emmert J, Stroud C, Skaggs B, Abramovici M (2000) Dynamic fault tolerance in fpgas via partial reconfiguration. In: Field-programmable custom computing machines, 2000 IEEE symposium on, pp 165-174. IEEE

[5] Noguera J, Kennedy I O (2007) Power reduction in network equipment through adaptive partial reconfiguration. In: Field programmable logic and applications, 2007. FPL 2007, international conference on, pp 240-245. IEEE

[6] Paulsson K, Hübner M, Bayar S, Becker J (2007) Exploitation of run-time partial reconfiguration for dynamic

power management in xilinx spartan III-based systems. In: International symposium on reconfigurable communication-centric systems-on-chip, pp 1-6

[7] Trimberger S, Carberry D, Johnson A, Wong J (1997) A time-multiplexed fpga. In: Proceedings, the 5th annual IEEE symposium on Field-Programmable custom computing machines, pp 22-28. IEEE

[8] Arun C, Kenneth S, Ulrich K, Drechsler R (2015) Ensuring safety and reliability of IP-based system design—a container approach. In: Rapid system prototyping (RSP), 2015 international symposium on, pp 76-82. IEEE

[9] Schmitz K, Chandrasekharan A, Filho Gomes J, Große D, Drechsler R (2017) Trust is good, control is better: Hardware-based instruction-replacement for reliable processor-ips. In: Design automation conference (ASP-DAC), 2017 22nd Asia and South Pacific, pp 57-62. IEEE

[10] Schmitz K, Keszocze O, Schmidt J, Große D, Drechsler R (2018) Towards dynamic execution environment for system security protection against hardware flaws. In: 2018 IEEE computer society annual symposium on VLSI (ISVLSI), pp 557-562. IEEE

[11] Lüth C, Ring M, Drechsler R (2017) Towards a methodology for self-verification. In: 2017 6th international conference on reliability, Infocom technologies and optimization (Trends and Future Directions) (ICRITO), pp 11-15, Sept 2017

[12] Ustaoglu B, Huhn S, Große D, Drechsler R (2018) SAT-Lancer: a Hardware SAT-Solver for Self-Verification. In: Proceedings of the 2018 Great Lakes Symposium on VLSI(GLSVLSI'18), pp 479-782

智能推进

拉尔夫·巴赫迈尔，彼得·坎普曼，赫尔曼·普莱特，
马蒂亚斯·布塞，弗兰克·基希纳

Ralf Bachmayer, Peter Kampmann, Hermann Pleteit,
Matthias Busse and Frank Kirchner

摘要 自由漂浮的水下机器人航行器可以在所有六个自由度内灵活移动。虽然主动俯仰和侧倾通常受到静水稳定性的设计限制，但依靠推进器，航行器的姿态、位置和速度控制可与控制面、移动质块或可变浮力系统相结合。当前的系统往往缺乏自我诊断能力和冗余性，使得高级别任务控制对推进器的状态"一无所知"。这种信息的缺乏会导致中止任务或继续任务二元决策的不确定性。更好的信息和系统冗余将使高级别任务控制器能够相应地调整故障响应或系统性能响应，

R. Bachmayer

University of Bremen, MARUM—Center for Marine Environmental Sciences, Bremen, Germany（不来梅大学，MARUM海洋环境科学中心，不来梅，德国）

P. Kampmann

DFKI GmbH, Robotics Innovation Center, University of Bremen, Bremen, Germany（德国人工智能研究中心机器人创新中心，不来梅大学，不来梅，德国）

H. Pleteit（通信作者）

Fraunhofer IFAM, Bremen, Germany（德国弗劳恩霍夫制造技术和先进材料研究所，不来梅，德国）

e-mail: ple@ifam.fraunhofer.de

M. Busse

Fraunhofer IFAM, Bremen, Germany（德国弗劳恩霍夫制造技术和先进材料研究所，不来梅，德国）

Faculty of Production Engineering, University of Bremen, Bremen, Germany（生产工程学院，不来梅大学，不来梅，德国）

F. Kirchner

DFKI GmbH & Robotic Group University of Bremen, Robotics Innovation Center, Bremen, Germany（德国人工智能研究中心&不来梅大学机器人集团，机器人创新中心，不来梅，德国）

© Springer Nature Switzerland AG 2020

F. Kirchner et al. (eds.), *AI Technology for Underwater Robots*,

Intelligent Systems, Control and Automation: Science and Engineering (ISCA, volume 96),

https://doi.org/10.1007/978-3-030-30683-0_6

增加至少部分任务成功的可能性，如与数据丢失和可能的系统整体损失相对应，增加了系统和数据恢复的可能性。本文从不同的角度探讨有关推进的主题，例如电机的设计和控制、系统工程及通过机器学习、自适应识别和控制所进行的优化。对于驱动动力的研究，其目的是要推进一种能够满足长期自主水下机器人在系统效率、可靠性和自诊断能力等方面高要求的解决方案。这将通过电机和螺旋桨以及可能与喷嘴之间的集成系统方法来实现。此外，研究将集中在实时系统性能上，使用机器学习技术结合更具确定性的基于模型的方法进行性能预测和对软硬件错误进行故障检测与监控。

最新技术和已知问题

无人水下航行器系统通常由船体本身负载、推进载荷和有效载荷组成。船体本身负载包括除推进系统之外的正常运行所需的所有航行器子系统，包括控制、导航和通信系统，以及能量存储和管理组件。

推进载荷应单独叙述，因为它非常重要且复杂。传统的推进系统由螺旋桨、中心轴，有时还包括变速箱、带有外壳和控制单元的驱动器或发动机等组成。图 1 显示了几种不同的用于驱动和操纵水下航行器的推进器及推进系统配置。另一种是轮缘驱动推进器（rim-driven thrusters），它没有传统的轴和驱动器的轮毂设置，具有驱动元件围绕螺旋桨外径布置的构造。在这种结构设置中，较大转子直径的电机可以在较低的速度下提供更高的扭矩来驱动螺旋桨，使其适合直接驱动，从而无须额外的齿轮箱，避免了其通常会带来的额外损失和更高的机械/声学噪声。此外，在无轮毂螺旋桨设计中，螺旋桨可以由轮缘支撑，这降低了螺旋桨结垢的风险。轮缘驱动系统的一个缺点是其通常具有相对较大的重量和由此产生的惯性，这是由于在较大直径下转动质量增加。此外，转子相对较大的滑动表面也增加了摩擦损失，以及周围水域的污染导致轴承表面存在被污染的风险。相比之下，传统的轴向安装和驱动的推进系统受到可用功率的限制，并且通常具有因为驱动电机位于螺旋桨的一侧而引起的流体动力学上的不对称，极大地限制了实际机器的直径和可安装的最大功率。

另一个重要的设计要素是将电气和机械的部件与海水分离，不仅因为海水是一种可导电的且具有腐蚀性的环境，而且也有压力方面的考虑。腐蚀问题通常是通过选择适当的材料、牺牲阳极、保护涂层或它们的组合来解决，但外壳设计变得更为复杂。

图 1　水下推进系统示例
（编辑注：扫封底二维码查看彩图）
上排：轮缘驱动的无轮毂推进器，其中左图为主推进器（内径：266mm），右图为隧道推进器配置（内径：160mm）
下排：左图为轮缘驱动轴向支撑推进器，右图显示了 AUV 的传统轴向驱动螺旋桨配置
图片来源：MARUM，德国不来梅大学

目前存在三种外壳设计方法：第一种方法是为包括电机在内的电气元件提供保证其在大气压下运行的外壳，这是电子产品最常见的外壳设计方法。不过，由于轴直接驱动的螺旋桨需要高压旋转密封件，对密封件来说这种方法将产生显著的机械摩擦损失，并且对深度更深的应用来说具有动态密封失效的风险。第二种方法是不使用直接贯穿轴来将传动系连接到螺旋桨，而是使用轴向或径向磁耦合（magnetic coupling）联轴器实现外部旋转部件与内部旋转部件之间的环境隔离。磁耦合的方法适用于低压差的情形，因为出于效率的考虑，磁耦合的内部和外部之间是一层薄膜。如果内部要保持接近大气压，这会严重限制系统运行的水深范围。如果系统要运行在水下更深的地方，解决方案是在系统内部充满一种绝缘的通常是油基的低黏度液体，且通过弹簧补偿器保持略高于环境压力的状态。这将改善电机绕组、电子设备和外壳之间的导热性，但代价是更高的由于机器旋转而带来的液体摩擦损失，并且仅限于可在压力条件下使用且与液体兼容的电子元件和涂层。第三种方法是将电机绕组和电子设备完全封装在固体/顺应性材料中，并选定暴露的组件，如轴承、衬套和轴等，使它们能够在周围环境条件下稳健运行。该方法存在的问题来自旋转表面之间所需的小间隙，可能不允许适当的涂层，或

者只有有限的材料可供选择，因为必须满足类似高效的定子-转子电磁相互作用的多种需求。

除了上述设计方面的考虑之外，操作方面的因素也会对解决方案的选择产生重大影响。从根本上说，推进系统有两种类型的操作需求：悬停操作和调查类型操作。顾名思义，悬停操作接近零速度操作点位，因而需要推进系统双向推进，从而保持在某个位置[1, 2]。相比之下，调查类型操作则是保持在一个狭窄的设计速度区间内，需要特别强调此时的系统效率。

系 统 设 计

在本文中，不考虑液压驱动系统。由于液压马达的体积功率密度高，这些系统目前仅在 ROV 中应用。液压系统需要一个液压动力单元（hydraulic power unit, HPU）来驱动液压载荷，导致这些系统能源效率低且整体系统复杂，因此不适合用于 AUV。

图 2 显示了一个典型的电力推进系统及其组件之间的交互。除了这些交互之外，电力推进系统作为水下航行器的主要组成部分，与航行器的流体动力学相互作用。

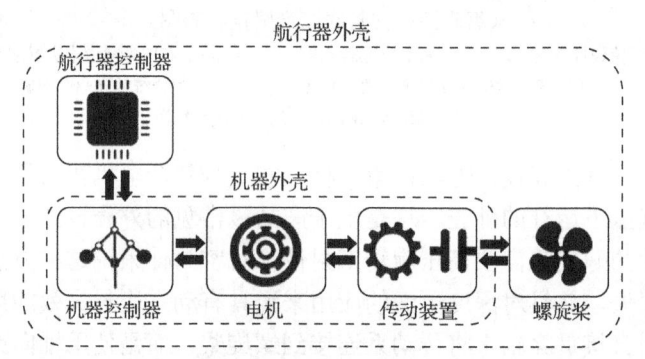

图 2 典型的电力推进系统的系统图
请注意，直接驱动系统将不会使用变速箱，并且螺旋桨可能是涵道螺旋桨

智能推进的要求

在过去的几十年里，AUV 的典型应用领域一直在不断拓展，应用已经从典型的使用侧扫或多波束声呐进行水深较深的声学勘测类型扩展到水深较浅的光学调查类型任务。除了要考虑应用任务对高质量数据的要求以外，还要考虑数据图像、光吸附的物理约束以及能源等方面对这些应用构成的影响。此外，接近海底和避免碰撞的能力对于这些应用也至关重要。除了障碍物检测，安全可靠的操作也是实现航行器机动性的关键。要在相对低的速度下实现高机动性，仅使用动态面控

制是不够的，因为它们需要保有最低速度才能提供足够的控制权来安全地避开附近的障碍物。为了解决这个问题，高度机动性的航行器需要使用额外的推进器来提供足够的控制力。

这些航行器仍然主要用于地质构造、沉船或管道的精细水深测量和摄影测量调查。最近，工业界出现了一种趋势，即简单操作任务如从水面远程操作航行器进行检查转向日益自主化的操作。随着从远程操控航行器向 AUV 的转变，对能够悬停的 AUV 的需求正在增加。

AUV 需要使用不同类型的推进系统。与调查类型操作相比，悬停操作会增加推进系统上的动态载荷。对工业应用来说，尤其是海底驻留系统[3]，推进器必须高度可靠和稳健。未来使用 AUV 执行完全自主干预任务的预期对推进系统提出了进一步的要求，特别是对系统的动力学方面提出了要求。考虑到航行器的自由浮动基座，整个推进系统必须以高动态速率提供大量控制力，以完成重要的操纵任务。

这些要求不仅反映在对电机和螺旋桨的要求上，也反映在高带宽控制中，以便能针对系统可能遇到的反作用力和反作用扭矩，提供必要的高保真力和扭矩矢量来进行补偿[1]。对精确、快速的推力响应以及复杂的水动力状态（即船体-推进器相互作用和双向操作）的要求，需要采用新的方法来解决控制问题，要将非线性控制器与自适应控制策略[4]以及可能的机器学习方法相结合。

同时，因为受到可用的航行器电源的限制，对推进系统需求的增加是以增加能源消耗为代价的，并且增加了对高水平系统效率的需求[5]。其中还要包括适当的热设计。

在机械方面，由于 AUV 是在一个非常大的环境压力下运行，电机和螺旋桨之间的传输连接非常重要，不仅因为存在潜在的可靠性问题，而且因为它们可能是摩擦的主要来源，由此导致功率损耗。

总体系统要求可以概括如下。

（1）可靠性和稳健性。
（2）高动态范围。
（3）卓越的控制力。
（4）整体推进系统的效率高。
（5）故障检测和诊断。
（6）系统效率。
（7）考虑冷却、最大扭矩、黏性摩擦和迟滞的电机设计。

集成系统设计方法

从系统要求来看，为了实现所需的性能，系统必须从整体上考虑。调查类型任务的推进装置可以在一个较窄的操作范围内对系统进行简单的优化，悬停多推进器航行器则完全不同，它要复杂得多。优化单个子组件而不考虑对其他组件的影响将导致设计相当低效。

我们将通过使用机电建模技术的迭代集成设计方法对整体系统设计进行优化。这包括通过使用计算流体力学（computational fluid dynamics, CFD）和其他类似流体-结构相互作用的建模技术，对船体-推进器相互作用进行考虑。然而，这种方法仅限于缓慢变化的、主要是单向的推力水平，因为快速的推力变化和由此产生的流动条件变化，特别是在悬停航行器的推力反向期间，将导致极其复杂、混乱的流动模式。

电机设计

电机作为水下航行器的推进装置，其设计要求取决于水下环境里的自主操作需求。在远程观察或大面积监视应用中，最重要的需求是低功耗和高效率。

对悬停方式的水下操纵应用来说，需要高能量和高扭矩密度，以及低功耗和精确的推进控制，以便即使在具有高流速的干扰环境中也能满足精确定位的要求。

对自主操作模式来说，这两种应用都需要高度的故障安全性，因此容错能力（fault tolerance）是需要考虑的重要方面。传统的三相驱动系统在发生电气故障时会失去产生恒定扭矩输出的能力。容错型驱动系统拓扑结构允许在故障时对所发生的制动力扭矩进行补偿，并且即使在故障后运行中也能产生恒定扭矩输出。这可以通过多相设计来实现，其中驱动系统使用了超过传统的三个电相[6]。

这些设计考虑了电机冗余，例如，在六相设计中当三相子机出现故障时，另一台子机可以补偿发生故障时产生的扭矩振荡或是故障装置所产生的制动力扭矩。

无传感器控制（sensorless control）技术提供了更高的故障安全性的保障能力，因为它能在角度传感器发生故障时改变相应的控制算法，这对于同步电机的控制至关重要。

另一个需要考虑的是，当机械动力传递到螺旋桨上时，由轴驱动的螺旋桨需要密封旋转轴，泄漏、摩擦损失和磨损等问题可能会影响旋转轴密封的长期可靠性。克服这些困难的一种方法是使用前面提到的磁耦合联轴器。不过，这会带来更大的重量以及对安装空间的需求。

由于轮缘驱动推进器需要更大的直径，以及由此带来的更大重量，这些特性对于整个系统的有效载荷、航程和运行时间至关重要。对这种推进系统来说，驱动系统的任何尺寸或重量的增加可能都不可行。因此，应根据航行器应用的要求，准确评估机械传动的类型。

新的制造方法

传统的电机线圈是通过缠绕圆导线来制作的。在某些情况下，为了增加槽满率可使用矩形导线。使用矩形导线可让槽满率达到 60%。在大规模生产中，槽满率通常低得多，约为 30%~40%。

一种新方法是通过铸造的方式制作线圈。这允许在绕组的每一层中完全自由地设计横截面积，因此可以为绕组的每一层设计单独的横截面[见图3和式（1）]。使用该方法可以达到80%及以上的槽满率[7]。

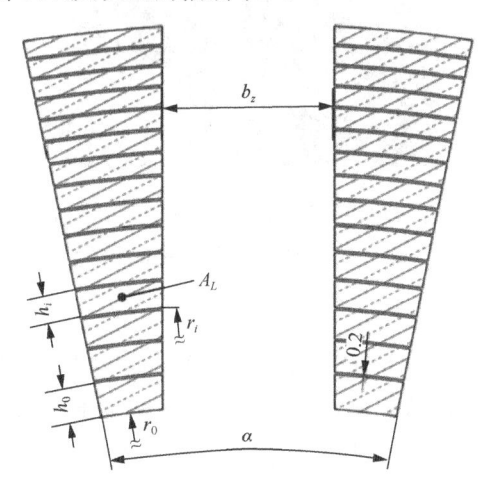

图3 导线形状的可变高度和宽度

公式1：绕组层理论上的最佳高度

$$h_i = r_i / \alpha(\alpha - \sin(\arcsin(b_z / 2r_i))) + \sqrt{(r_i / \alpha(\alpha - \sin(\arcsin(b_z / 2r_i))))^2 - 2A_L / \alpha} \quad (1)$$

通过增加槽满率，电机槽中导电材料的总截面增加了，从而降低了线圈的总电阻。这直接减少了由欧姆电阻引起的损耗。

电机的持续功率和扭矩受其热性能的限制。若使绕组每一层的横截面适配到可用的面积，这样不仅槽满率增加了，而且整个绕组相对于叠片堆外边界处的散热器的热阻也显著降低了。除此之外，还可以增加顶端部绕组的横截面积，从而进一步降低电阻。

另外，这种绕组层采用扁平导线的解决办法还能减小电流位移效应，否则在较高转速下电流位移效应会显著增加损耗。

所有这些影响都有助于在不增加电机的尺寸和重量的情况下改善电机的热性能和其他性能特性，还可以通过使用铝作为导电材料来进一步减轻重量。在重量大大降低的同时，借助高槽满率和出色的热性能还可以让电阻损耗降低。损耗的大幅减少不仅可以提高性能，而且会提高效率，从而降低整体功耗[8]（图4）。

| 水下机器人的人工智能技术 |

图4 使用成型铝线圈的高扭矩直接驱动永磁同步电机
（编辑注：扫封底二维码查看彩图）

集成的感知

水下系统的推进器通常是精密部件，容易因轴承损坏、磨损以及污染导致的部件堵塞而出现缺陷。在许多情况下自由度的控制不是以冗余方式设计的，推进器可以被视为单点故障，尤其是对自主水下航行器来说，这可能会导致致命的损失。

从这一观察结果可得出结论：对推进器进行大量的监测对于安全操作至关重要。虽然陆地应用中作动器上传感技术的集成已经非常先进，但推进器技术仍然缺少大部分传感器，其原因在于对高环境压力下与流体接触的传感器的机械性能要求较高。

人们需要以下推进器的属性信息（表1）。

表1 推进器属性（注：译者加）

物理性质	衍生信息
电流	电机负载
温度	热应力
转速	控制输入
推力	控制输入

对水下推进来说，对推力的感知尤其令人感兴趣，因为它是经典的水下控制模型的控制输出[9]。推力无法根据推进器本身进行建模，它取决于积分面积、周围流体的流动条件和所使用的螺旋桨类型。截至目前，需要复杂的系统识别实验[10]

来获得螺旋桨转速和推力的映射。

推力检测可以通过分别测量电机轴和转子的轴向位移来进行。有几种方法可以以无传感器的方式确定转子的轴向位移，例如文献[11]。这些方法源于无轴承电机的控制，它们使用电压和电流等内部控制参数来确定位移。通过将这些方法应用于电机的轴向位移测量，不仅可以在缺乏传感器硬件的时候提高可靠性，而且可以在水下应用的恶劣环境条件下和刚性轴承的约束条件下提高测量精度。

机器学习优化

机器学习算法特别适用于具有相互影响的多元变量的优化问题。推进器技术的优化问题也具有类似的情况。本文作者接下来将介绍推进器技术优化的三方面内容，其中机器学习可能是有益的，并介绍之前的工作以及研究方向。

推进器的性能不仅取决于电机的效率，还受到流体的流动类型和推进器结构的流体动力学的影响。除了基于 CFD 模拟的手动优化方法外，机器人结构也可以使用机器学习的优化方法。在文献[12]中，使用遗传算法和 CFD 模拟对 AUV 的船体结构进行了优化。Bahatmaka 等[13]也使用遗传算法对导管推进器设计或遥控潜水器（ROV）进行优化。螺旋桨叶片的设计是文献[14]工作中的另一个优化目标，这项工作产生了一个开源软件，可用于实现针对特定要求的螺旋桨叶片优化。

总结这些先前的工作可看出，大多数对 AUV 或推进器的流体动力学的优化方法是在部件级别而不是系统级别上执行的。关于推进器的优化方法，建议并行地观察推进器上的各种优化可能性，从而利用对电力驱动、流体动力学和螺旋桨进行优化的相互影响。

在运行期间检测推进器模型的偏差是应用机器学习算法的另一个机会。在文献[15]的研究中，采用了一种强化学习方法来恢复推进器故障。文献[16]中描述了另一种执行故障诊断的方法，它使用高斯粒子滤波器估计故障模型以及运动状态。

另一个适合机器学习的优化问题是控制器识别。在该领域的工作涉及使用遗传算法优化机器人结构，包括使用回归模型进行推进器故障检测[17]以及使用粒子群优化和遗传算法实现控制器的演化[18]。水下推进器领域的未来工作将侧重于基于系统方法的流体动力学、电机参数以及螺旋桨设计的优化。这需要机器学习方法，最有可能基于遗传算法，并行地且相互依赖地不断演化螺旋桨设计、电动机设置以及适合流体动力学的船体，从而在机器学习领域形成一个有趣的研究方向。

结 论

水下机器人的推进系统可以分解为几个子系统,其中每个子系统都可以针对机器人预期的应用场景进行优化。可以预见,对 AUV 来说,应用场景将从纯粹的观测任务转变为涉及悬停活动以及支持干预操作的任务。其结果正在影响推进系统的所有子系统的设计。推进系统需要高扭矩来抵消反作用力,需要监测系统状态的传感器,以通过直接测量推力和应用新的控制算法来提高推进系统的可靠性以及位置控制的精度。

机器学习方法可以在系统设计、错误检测以及自适应控制器的实现等方面进行进一步的设计探索,从而为无须重新运行控制器系统识别过程即可重构有效载荷铺平道路。

参 考 文 献

[1] Bachmayer R, Whitcomb L L (2001) An open loop nonlinear model based thrust controller for marine thrusters. In: Proceedings 2001 IEEE/RSJ international conference on intelligent robots and systems, expanding the societal role of robotics in the the next millennium (Cat. No.01CH37180), (S 1817-1823). Maui, HI, USA

[2] Bachmayer R, Whitcomb L L, Grosenbaugh M A (2000) An accurate four-quadrant nonlinear dynamical model for marine thrusters: theory and experimental validation. IEEE J Ocean Eng,146-159

[3] Siesjö J, Roper C, Furuholmen M (2013) Sabertooth a seafloor resident hybrid AUV/ROV system for long term deployment in deep water and hostile environments. In: Unmanned untethered submersible technology (UUST) 2013

[4] Bachmayer R, Whitcomb L L(2003) Adaptive parameter identification of an accurate nonlinear dynamical model for marine thrusters. Trans Am Soc Mech Eng J Dyn Syst Measur Control 125(3):491-493

[5] Claus B, Bachmayer R, Williams C D (2010) Development of an auxiliary propulsion module for an Autonomous Underwater Glider. J Eng Marit Environ 224(4):255-266

[6] Kock A, Gröninger M, Mertens A (2012) Fault tolerant wheel hub drive with integrated converter for electric vehicle applications. In: IEEE vehicle power and propulsion conference. Seoul

[7] Kock A G J (2011) Casting production of coils for electrical machines. In: Electric drives production conference

[8] Gröninger M, Horch F (2014) Cast coils for electrical machines and their application in automotive and industrial drive systems. In: 4th international electric drives production conference (EDPC)

[9] Fossen T I (2011) Handbook of Marine Craft Hydrodynamics and Motion Control

[10] Ridao P, Battle J, Carreras M (2001). Model identification of a Low-Speed UUV. IFAC Proc 34(7): 395-400

[11] Nian H, Quan Y, Li J (2009) Rotor displacement sensorless control strategy for PM type bearingless motor based on the parameter identification. In: International conference on electrical machines and systems

[12] Gao T, Wang Y (2016) Hull shape optimization for autonomous underwater vehicles using CFD. Eng Appl Comput Fluid Mech, S 599-607

[13] Bahatmaka A, Kim D J, Chrismianto D (2016) Optimization of ducted propeller design for the ROV (Remotely Operated Vehicle) using CFD. Adv Technol Innov

[14] Epps B, Kimball R (2013) OpenProp v3: open-source software for the design and analysis of marine propellers and horizontal-axis turbines. http://engineering.dartmouth.edu/epps/ openprop

[15] Seyed Reza Ahmadzadeh P K (2014) Multi-objective reinforcement learning for AUV thruster failure recovery. In: IEEE symposium on adaptive dynamic programming and reinforcement learning (ADPRL 2014), proceedings IEEE symposium series on computational intelligence (SSCI 2014). Florida. USA

[16] Sun Y S, Ran X R, Li Y M, et al. (2016) Thruster fault diagnosis method based on Gaussian particle filter for autonomous underwater vehicles. Int J Naval Archit Ocean Eng

[17] Nascimento S A (2018) Modeling and soft-fault diagnosis of underwater thrusters with recurrent neural networks. In: Proceedings of the 14th international workshop on advanced control and diagnosis. Bucharest

[18] Langosz M, von Szadkowski K, Kirchner F (2014) Introducing particle swarm optimization into a genetic algorithm to evolve robot controllers. In: GECCO 2014—companion publication of the 2014 genetic and evolutionary computation conference

自主水下航行器通信的挑战与机遇

迪尔克·伍本，安德烈亚斯·肯斯根，阿赞格·乌杜加马，
阿明·德科西，安娜·弗尔斯特

Dirk Wübben, Andreas Könsgen, Asanga Udugama,
Armin Dekorsy and Anna Förster

摘要 对 AUV 来说，无线通信在提供任务指令、转发感测数据或协调 AUV 群工作等方面是必不可少的。然而由于水下高干扰和恶劣的信号传播条件，水下环境中的通信是不可靠的且不允许高数据速率。本文从信息传输和网络两方面回顾了水下通信的现有概念。引入语义通信有助于利用语义侧信息减少传输的数据量。机会网络（opportunistic networks, OppNets）允许端到端数据转发，而无须永久连接。并且在以给定大小和优先级转发数据时，机会网络可以被扩展从而使用最合适的通信技术。机器学习（machine learning, ML）有助于记忆和对背景信息进行分类，以提高通信效率。

D. Wübben（通信作者），A. Dekorsy

Department of Communications Engineering, Institute for Telecommunication and High Frequency Techniques, University of Bremen, 28359 Bremen, Germany（不来梅大学通信工程系电信与高频技术研究所，不来梅，德国，28359）

e-mail: wuebben@ant.uni-bremen.de

A. Dekorsy

e-mail: dekorsy@ant.uni-bremen.de

A. Könsgen, A. Udugama, A. Förster

Department of Communication Networks, Institute for Telecommunication and High Frequency Techniques, University of Bremen, 28359 Bremen, Germany（不来梅大学通信网络系电信与高频技术研究所，不来梅，德国，28359）

e-mail: ajk@comnets.uni-bremen.de

A. Udugama

e-mail: adu@comnets.uni-bremen.de

A. Förster

e-mail: afoerster@comnets.uni-bremen.de

© Springer Nature Switzerland AG 2020

F. Kirchner et al. (eds.), *AI Technology for Underwater Robots*,

Intelligent Systems, Control and Automation: Science and Engineering (ISCA, volume 96),

https://doi.org/10.1007/978-3-030-30683-0_7

引 言

与遥控的航行器相比，水下航行器的自主运行可以进行更灵活的操作。相比系缆式的解决方案，使用 AUV 具有更好的机动性，并且可以在更远的距离内运行，从而为科学任务和搜索操作提供先进的解决方案。此外，多个 AUV 能以一个群体概念来联合运行从而进行更高效和有效的操作[1]。除了可靠的电源和精确定位外，有效的无线通信也是运行 AUV 的关键要求之一[2]。任务描述需要传达给 AUV，同时 AUV 群作为一个团队一起工作，通过 AUV 之间的信息交换协同工作以实现共同的目标[3]。遗憾的是，水下环境严重影响了各种可选用的传输方式，例如声学、电磁波、磁感应和光通信。它们受到通信距离短、数据速率低、高干扰量/衰减量或链路中断的影响。因此，可靠的无线通信是水下机器人的关键挑战之一，需要通信系统和 AUV 技术紧密的协同设计，例如使用一致性控制[4, 5]对 AUV 进行分布式协调，或采用基于本地数据实现一致性估计的分布式学习算法[6, 7]。

AUV 团队的运行需要在严酷的水下通信环境中进行任务描述、控制信息和科学数据的通信，以便协同执行任务。这项具有挑战性的任务需要复杂的通信协议，根据一种习得信息的机制（a regime of learnt information）积极寻找通信机会。此外，必须利用任务命令的语义本质考虑分布式 AUV 消息的含义和重要性来进一步优化所需传输的信息。对于这两个概念，合适的 ML 方法将实现其灵活设计和优化。

水下通信技术

UAV 通过无线电通信可以在地球表面上运行，并能保证以高数据速率、低时延和可接受的可靠性来交换指令和有效载荷的信息[8]。水下自主系统需要类似的通信链路来交换控制信息和科学数据。遗憾的是，由于水下传播条件会导致大的时间延迟和低数据速率，水下通信很困难。接下来将回顾水下通信的主要原理并列出它们的主要特性。

无线电通信基于电磁波，在空气中以光速传播，使用高频可以实现高数据速率。但是，电磁波在水下环境会遭受严重的能量损失，并且在海水中其损失随着频率的增大而迅速增大[9]。使用低频电磁波通信来增加通信距离存在天线尺寸大和数据速率有限的缺点。文献[10]中分析了一个水下无线电通信系统，其证明了使用 768MHz 在 2m 和 1.6m 距离上的数据速率分别约为 400kbit/s 和 11Mbit/s。对于 2.462GHz 和 20cm 距离，可实现 100Mbit/s 的吞吐量，而在 5GHz 和 10cm 处，数据速率降低至 10Mbit/s。因此，在水中应该使用中等频率进行短距离的通信，或使用较低频率进行长距离的通信。

与电磁波相比，声波在水下传播的效率更高，因为传输介质更能抵抗声波的压缩。因此，声波在水下传播得更快更远，与空气中 340m/s 的速度相比，水下声波的传播速度大约为 1500m/s，这使得声学通信成为水下通信网络中典型的物理层技术[11]。然而，声学通信也面临许多问题，例如高传播时延、可用带宽有限导致的极低数据速率，以及与环境相关的信道行为（如多路径和衰减）。水下信道的极端特性会导致通信的高误码率和由阴影区造成的通信短暂连接中断。据文献[11]报道，运行在几十千米距离的远距离通信系统的带宽只有几千赫兹，而运行在几十米距离的短距离通信系统可能具有超过 100kHz 的带宽。对于这两种情况，现有设备只能实现几十千比特每秒量级的低比特率。通过声学通信实现更大的数据速率是一项巨大的挑战，有人提出了使用类似正交频分复用（orthogonal frequency division multiplexing, OFDM）、多输入多输出（multiple-input multiple-output, MIMO）[12]、定向天线[13]和非二进制编码[14]等复杂的解决方案来应对这一挑战。文献[15]中报道了一种基于软件无线电（software-defined radio, SDR）的水声网络。

水下数据交换的第三个备选方案是光通信，它具有高可用带宽，可允许超过 1Gbit/s 的数据速率。然而，光信号在水中会被迅速吸收，悬浮颗粒和浮游生物会导致严重的光散射[9]。此外，高强度的环境光是光通信的另一个负面影响。文献[16]中报道了在模拟清澈海水介质中 1Gbit/s 的实验结果，在 64m 的距离内实现了 5GHz 带宽的水下通信，在浑浊的港口水域中，水下通信频率下降到 1GHz，传输距离只有 8m。因此，该技术可用于构建多跳通信系统。

磁感应（magnetic induction, MI）已被提议作为水下通信的进一步替代方案[17, 18]。磁感应通信利用时变磁场在通信实体之间传递信息。对于水下通信，它表现出几个独特的特性，例如可忽略的传播延迟、可预测和恒定的信道行为以及足够长的高带宽通信范围。

表 1 中给出了声波、电磁波、光波[9]以及磁感应[17]的原理特性。显然，每种传输方案对于水下通信都有其自身的优势和劣势。它们在复杂通信网络中的应用需要利用其优势，同时限制其劣势的影响。下一节将讨论相应的水下通信网络路由协议。后续部分将介绍语义通信（semantic communication, SC）。水下环境严苛，降低物理信道上的数据速率，可以降低对水下通信硬件条件的要求。

表 1 水下通信技术的特性[9, 17]

参数	声波	电磁波	光波	磁感应
传播速度	约 1500m/s	约 33333km/s	约 33333km/s	约 33333km/s
功率损耗	>0.1dB/(m·Hz)	约 28dB/(km·100MHz)	∝浊度	
带宽	约 kHz	约 MHz	10～150MHz	约 MHz
数据速率	约 kbit/s	Mbit/s	约 Gbit/s	Mbit/s
天线尺寸	约 0.1m	约 0.5m	约 0.1m	0.5～2m
有效范围	约 km	10m	10～100m	10～100m
主要优势	水下能量损耗少	高速度、高带宽	极高数据速率	高速度/带宽、可预测/恒定信道
主要劣势	低速度、有限带宽	高衰减	快速吸收、光散射、环境光	

水下通信网络

根据文献[19]，机会路由协议被广泛应用于水下网络中的固定节点。在这些协议的上下文中，机会一词意味着构建路由的方式不同于传统网络。在后者中，路由是一组将数据包从一个单独的跃点转发到下一个跃点的跃点集合。如果单个的下一跃点连接失败，则连接中断。机会网络（OppNets）利用了无线网络的广播特性，即一个节点可以连接到多个相邻节点。这意味着前往目的地的下一个跃点可能有多个选项可供选择。在协商路由时，机会协议会指定一个包含所有可能的下一跃点的候选集（candidate set, CS），以便发生故障时另一跃点能够立即可用，如图 1 所示。

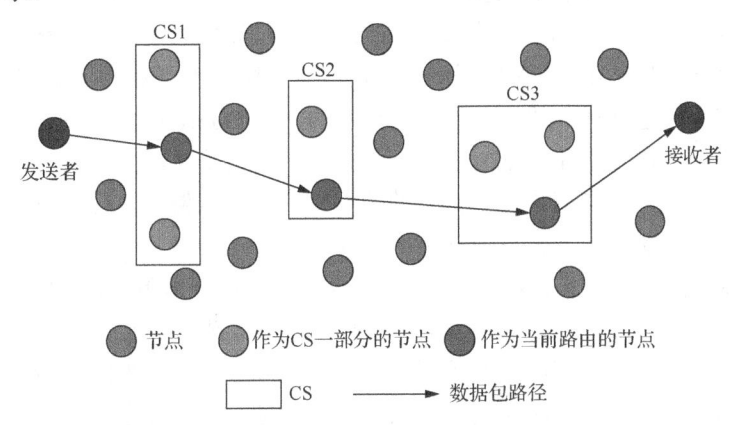

图 1 文献[19]中描述的水下机会路由协议的原理

（编辑注：扫封底二维码查看彩图）

文献[19]中有两种方法可以选择 CS：一种是假设站点的水平位置已知的地理协议，另一种是水平位置未知而使用垂直位置基于深度的路由协议。此外，CS 的选择还取决于 CS 是由发送方还是由接收方确定。前面提到的文献中给出了地理协议的示例。在基于向量的转发（vectorbased forwarding, VBF）[20]中，源节点和目标节点之间的潜在路径是已知的。任何与理想路径足够接近的节点都成为虚拟管道的一部分，它将数据包从源节点公开地转发到目标节点。CS 是固定的并且由源节点预定义。不过，该协议需要端到端的连接，这在稀疏网络中不一定能满足。有一种增强方法是逐跳 VBF[21]，它更适合稀疏网络，因为不需要端到端连接，并且为每个潜在转发者确定 CS。基于深度调整的移动水下传感器网络地理和机会路由协议（geographic and opportunistic routing protocol with depth adjustment for mobile underwater sensor network, GEDAR）[22]的方法通过恢复模式扩展了逐跳

VBF，其中节点在网络拓扑变化时改变其深度以增强连接性。前面提到的文献[19]中还讨论了另一种将信息转发到水面上的水下无线传感器网络方法，这种方法是利用深度传感器信息的基于压力的协议。在基于深度的路由（depth-based routing, DBR）[23]中，比发送节点更靠近水面的邻居节点就是转发数据包的候选节点。基于纯深度的方法的缺点是存在局部极大值，即由于缺乏连接性而无法将消息转发到更高级节点的节点，这种节点称为空洞节点。HydroCast 克服了这个问题，它使用预期的数据包进度作为度量[24]。空洞感知的压力路由（void-aware pressure routing, VAPR）引入了信标作为检测空洞节点的另一种选择。在文献[25]中通过能量感知来扩展 VAPR 方法，从而考虑了节点电池资源的限制因素。

如前面讨论的文献[19]中所描述的那样，机会一词可以在更广泛的意义上被给予定义。与文献[19]相比，文献[26]中 OppNets 的定义更通用：只要有连接，即使是间歇性的，设备之间就会执行 OppNets。不对任何预先协商的路由或跃点进行假设。尽管文献[26]没有明确提到水下网络，但除了不可靠的无线通信链路外，没有对通信介质进行任何假设，这表明这种通用的 OppNets 在水下网络中具有可部署性。而且，在 OppNets 的一般情况下，要转发的信息不必面向目的地。无目的地的消息在大量节点获得特定信息的情况时很有用，例如，在水下网络的情况中，这些信息可能是关于恶劣天气条件的警告。

除了水下网络，为恶劣环境设计的网络类型还有无线地下传感器网络（wireless underground sensor networks, WUSNs），可用于土壤监测[27]。土壤具有比自由空间环境更高的介电常数，因此其路径损耗显然会更高。水分（如降雨带来的）会进一步降低信号的范围。土壤监测团队还开发[28]并演示[29]了部署在 WUSNs 中用于地下节点的硬件。WUSNs 在信号传播困难的恶劣环境下的另一种应用是在煤矿中，已经在文献[30]中给予了说明。传感器节点的地下部署可以作为水下环境调查的一个基础，在水下环境中，通信还必须解决无线介质中的高损耗问题。

文献中针对水下环境提出的 OppNet 方法并没有充分利用 OppNets 的全部潜力。如果放弃目前水下 OppNets 仍然隐含的永久连接要求的话，可以以更灵活、更可靠的方式组织通信。例如，水下传感器可以独立收集数据，存储在本地，并在再次进入相邻站点的通信范围内时将其转发。在这种情况下，为了预测两个节点何时以及如何相遇以便转发数据，移动模式也很重要[31]。尽管参考文献中的模型是针对人类移动模式的，但可以考虑无线水下节点在执行任务时如何移动从而对模型进行调整。此外，为了优化连接，节点可以协商其定位以进入相互通信范围。网络节点对通信的这种协助对更频繁地建立连接并由此更快地转发数据很有用，这反过来又减少了对缓冲区空间的要求，以及对时延敏感数据端到端的延迟的要求。

此外据作者所知，水下路由协议假定网络采用单一类型的承载技术，如声学网络。未来的水下节点可以提供具有不同技术的多种接口。智能路由协议可以利用表 1 所示接口的特定属性来转发对尺寸和可靠性有不同要求的数据。例如，数据规模相对较小但通常对时间要求比较高的控制信息可以通过具有可预测信道的磁感应连接来传播，或是通过具有较大通信距离、在稀疏网络中也可以保持连接性的声学网络来传输。此外，传感器采集到的大量监视数据可以通过光通信转发，光通信连接性的变化比较大，但速度很快。

语 义 通 信

在"水下通信技术"一节中，已经讨论了水下通信技术的特点，尤其是相对较低的数据速率已被确定为一个重大挑战。在本节中，将重点放在近来重新改进的通信设计范式的变化，来应对有限速率的物理链路的情况。

当前和未来通信系统的设计完全集中在传输符号序列并在接收方准确或近似地再现该消息的技术问题上。这种设计方法可以追溯到香农（C. E. Shannon）的经典信息论（classical information theory, CIT）和他提出的基于熵的信息定义[32]。然而，这种方法忽略了语义问题，即要传输的数据符号必须准确地传达所需的含义或要使用的应用程序的意义。因此，目前的通信技术只是在满足所要求的工程指标（如错误率、数据率）的数值上有所不同，没有为上一层应用去考虑所发送消息的重要性。

多年来，语义学一直是研究活动的主题，主要集中在计算机科学上（如人工智能、大数据），因而更多的是在应用层面上得到关注。另外，在数据传输层面上没有考虑到要传输的数据符号的含义。将只考虑符号序列信号特征的经典通信模型扩展到语义通信，从而表征这些符号背后的含义，无疑是未来通信系统设计中创新性的一步。

为了对语义通信进行分类，图 2 显示了 Weaver 在 1949 年[33]确定的三个不同的通信级别。

（1）A 级：**技术问题**，描述了带着在物理信道上尽可能可靠或准确地传输数据符号序列（技术消息）的问题的语义通信。

（2）B 级：**语义问题**，涉及如何传输数据符号的核心问题，以便通过传输尽可能精确地将消息的含义（表达的消息）从发送方传送到接收方。

（3）C 级：**有效性问题**，最后强调的是有效性问题，即通过接收语义信息而获得的知识在多大程度上以期望的方式对应用的行为产生了影响。

因此，CIT 只关注 A 级，即接收方能精确地或近似地再现发送方所选的消息[32]。信道的容量定义了可在通信信道上可靠传输的最大信息速率。相比之下，语义通信的目标是接收方对含义的解释要准确地或近似地再现发送方想要表达的意思。通过利用发送方和接收方的语义侧信息，可以使用低速率工程化（技术上的）信道实现高速语义通信。因此，语义侧信息可以显著提高连接性（数据速率、可靠性）、改善延迟并提高资源效率。语义通信的第一类方法通过在技术层面（A级）上引入随机模型（语义噪声）来考虑含义（B级），其结果是CIT被语义信息理论（semantic information theory, SIT）所取代[34]。

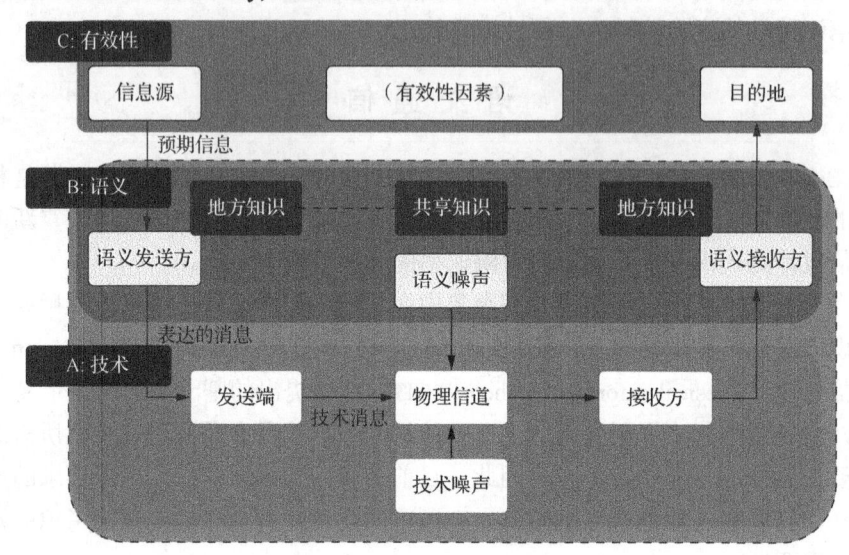

图2　三级通信模型[34]

（编辑注：扫封底二维码查看彩图）

语义通信系统的开发需要对完整的信息处理链进行信息论设计，以尊重特定应用领域的语义。为此，应采用基于ML的设计方法，利用信息理论[35-37]中的指标来优化各种信息处理模块。然而，到目前为止，通信系统中还没有考虑命令消息的语义，这是一个重大的研究挑战。除了语义信息理论的基本问题外，还需要进一步对语义编码、语义信号处理/压缩和语义协议等许多主题进行基础研究。

与按位精确的通信网络（bitwise-precise communication networks）相比，将语义通信纳入"水下通信网络"这一节所讨论的路由协议中，可以实现更有效的信息传输。考虑发送方和接收方的上下文背景信息有助于减少类似连接建立、关闭或错误恢复的信令工作。背景信息可以从环境中获得，也可以通过通信协议提供，例如信息的优先级。上述语义通信和机会网络方面的增强需要系统能够记住并对新的信息分类。这意味着应该在通信中引入ML，这样会有助于识别信道中在哪个位置和哪个时间存在着具有特定属性或特定类型的信息需要被传输。

结　　论

本文讨论了水下通信网络的最新技术和所面临的挑战。由于已有的水下网络依赖具有静态节点、永久连接和物理通信链路的路由，并且这些链路假定数据是逐位精确传输的，所以它们并不适合水下严苛的环境条件。未来的水下通信应用，如智能的自主机器人节点，在现场工作时接收指令，收集传感器数据或者以团队来协同工作。这些任务将要求及时可靠地传输更多数据。语义通信和增强的机会网络可以使用来自环境和先前任务的知识，而且它们利用节点移动性，可以更好地适应不断变化的条件，从而实现灵活高效的数据传输。

参 考 文 献

[1] Giodini S, van der Spek E, Dol H (2015) Underwater communications and the level of autonomy of AUVs, Hydro International

[2] Vedachalam N, Ramesh R, Jyothi V B N, Prakash V D, Ramadass G A (2018) Autonomous underwater vehicles—challenging developments and technological maturity towards strategic swarm robotics systems. Marine Georesources Geotechnol 33(1):1-14

[3] Champion B T, Joordens M A (2015) Underwater swarm robotics review. In: 10th system of systems engineering conference (SoSE 2015), pp 111-116, San Antonio, TX, USA, May 2015

[4] Joordens M A, Jamshidi M (2010) Consensus control for a system of underwater swarm robots. IEEE Syst J 4(1):65-73 March

[5] Paul H, Fliege J, Dekorsy A (2013) In-network-processing: distributed consensus-based linear estimation. IEEE Commun Lett 17(1):59-62 January

[6] Shin B S, Yukawa M, Cavalcante R L G, Dekorsy A (2018) Distributed adaptive learning with multiple kernels in diffusion networks. IEEE Trans Signal Process 66(21):5505-551 August

[7] Wübben D, Paul H, Shin B S, Xu G, Dekorsy A (2014) Distributed consensus-based estimation for small cell cooperative networks. In: 10th international workshop on broadband wireless access (BWA (2014) co-located with IEEE Globecom 2014. Austin, TX, USA, December, p2014

[8] Zeng Y, Zhang R, Lim T J (2016) Wireless communications with unmanned aerial vehicles: opportunities and challenges. IEEE Commun Mag 54(5): 36-42 May

[9] Liu L, Zhou S, Cui J H (2008) Prospects and problems of wireless communication for underwater sensor networks. Wirel Commun Mobile Comput 8(8):977-994 October

[10] de Freitas P M C P C (2014) Evaluation of Wi-Fi underwater networks in freshwater. Master Thesis, Universidade do Porto

[11] Akyildiz I F, Pompili D, Melodia T (2005) Underwater acoustic sensor networks: research challenges. Ad Hoc Netw 3(3):257-279 May

[12] Zhou S, Wang Z (2014) OFDM for underwater acoustic communications. John Wiley & Sons Ltd, Chichester, UK May

[13] Emokpae L E, Younis M (2012) Throughput analysis for shallow water communication utilizing directional antennas. IEEE J Sel Areas Commun 30(5):1006-1018 June

[14] Huang J, Zhou S, Willett P, Nonbinary LDPC (2008) Coding for multicarrier underwater acoustic communication. IEEE J Sel Areas Commun 26(9):1684-1696

[15] Demirors E, Sklivanitis G, Melodia T, Batalama S N, Pados D A (2015) Software-defined underwater acoustic networks: toward a high-rate real-time reconfigurable modem. IEEE Commun Mag 53(11):64-71

[16] Arnon S, Kedar D (2009) Non-line-of-sight underwater optical wireless communication network. J Opt Soc Am A 26(3): 530-539 March

[17] Akyildiz I F, Wang P, Sun Z (2015) Realizing underwater communication through magnetic induction. IEEE Commun Mag 53(11):42-48 November

[18] Allen G I, Matthews R, Wynn M (2001) Mitigation of platform generated magnetic noise impressed on a magnetic sensor mounted in an autonomous underwater vehicle. In: MTS/IEEE OCEANS (2001), pp 63-71, Honolulu, HI, USA, November 2001

[19] Darehshoorzadeh A, Boukerche A (2015) Underwater sensor networks: a new challenge for opportunistic routing protocols. IEEE Commun Mag 53(11):98-107 November

[20] Xie P, Cui J H, Lao L (2006) VBF: vector-based forwarding protocol for underwater sensor networks. In: Networking technologies, services, and protocols; performance of computer and communication networks; mobile and wireless communications systems (NETWORKING 2006), Lecture Notes in Computer Science, vol 3976, pp 1216-1221

[21] Nicolaou N, See A, Xie P, Cui J H, Maggiorini D (2007) Improving the robustness of location-based routing for underwater sensor networks. In: OCEANS, Europe. Aberdeen, UK, June, p2007

[22] Coutinho R W L, Boukerche A, Vieira L F M, Loureiro A A F (2014) GEDAR: geographic and opportunistic routing protocol with depth adjustment for mobile underwater sensor networks. In: IEEE international conference on communications (ICC 2014), pages 251-256, Sydney, NSW, Australia, August 2014

[23] Yan H, Shi Z, Cui J H (2008) DBR: depth-based routing for underwater sensor networks. In: Networking 2008 Ad Hoc and sensor networks, wireless networks, next generation internet, pp 72-86

[24] Lee U, Wang P, Noh Y, Vieira L F M, Gerla M, Cui J H (2010) Pressure routing for underwater sensor networks. In: IEEE INFOCOM, San Diego, CA, USA March

[25] Wang Z, Han G, Qin H, Zhang S, Sui Y (2018) An Energy-aware and void-avoidable routing protocol for underwater sensor networks. IEEE Access 6: 7792-7801

[26] Dede J, Förster A et al (2018) Simulating opportunistic networks: survey and future directions. IEEE Commun Surv Tutor 20(2):1547-1573

[27] Zaman I, Haseeb M, Förster A (2018) Wireless underground sensor network Testbed: a case study on channel characterization. In: 14th international conference on wireless and mobile computing, networking and communications (WIMOB), Limassol, Cyprus

[28] Zaman I, Gellhaar M, Dede J, Koehler H, Foerster A (2016) A new sensor node for underground monitoring. In: International workshop on practical issues in building sensor network applications (SenseApp), Dubai, UAE

[29] Zaman I, Gellhaar M, DedeJ, Koehler H, Foerster A (2016) Demo: design and evaluation of MoleNet for wireless underground sensor networks. In: IEEE local computers conference, Dubai, UAE

[30] Zaman I, Föorster A, Mahmood A, Cawood F (2018) Finding trapped miners with wireless sensor networks. In: 5th

international conference on information and communication technologies for disaster management (ICT-DM 2018), Sendai, Japan

[31] Förster A, Muslim A B, Udugama A (2018) TRAILS—a trace-based probabilistic mobility model. In: 21st ACM international conference on modelling. Analysis and simulation of wireless and mobile systems (MSWIM 2018). Montreal, QC, Canada, pp 295-302

[32] Shannon C E (1948) A mathematical theory of communication. Bell Syst Techn J 27:379-423

[33] Weaver W (1949) The mathematical theory of communication, chapter Recent contributions to the mathematical theory of communication, pp 1-16

[34] Bao J, Basu P, Dean M, Partridge C, Swami A, Leland W, Hendler J A (2011) Towards a theory of semantic communication. In: IEEE 1st international network science workshop (NSW 2011), pp 110-117, West Point, NY, USA, June 2011

[35] Hassanpour S, Wübben D, Dekorsy A (2018) A graph-based message passing approach for noisy source coding via information bottleneck principle. In: IEEE global communications conference (GLOBECOM 2018), Abu Dhabi, United Arab Emirates, December 2018

[36] Hassanpour S, Wübben D, Dekorsy A (2018) On the equivalence of double maxima and KL-means for information bottleneck-based source coding. In: IEEE wireless communications and networking conference (WCNC 2018), Barcelona, Spain, April 2018

[37] Monsees T, Wübben D, Dekorsy A (2019) Channel-optimized information bottleneck design for signal forwarding and discrete decoding in cloud-RAN. In: 12th international ITG conference on systems, communications and coding (SCC 2019), Rostock, Germany, February 2019

自主水下干预的模块化水下机械手

塞巴斯蒂安·巴尔奇，安德烈·科列斯尼科夫，
克里斯托夫·比斯肯斯，米蒂亚·埃基姆
Sebastian Bartsch, Andrej Kolesnikov, Christof Büskens and Mitja Echim

摘要 主动水下干预的核心是操纵能力。精确、灵巧和自主的水下操作需要四肢和末端执行器，它们需要非常健壮，这样才能够承受环境条件，并能够施加足够的力来执行通常繁重的工作。同时，系统还必须足够灵敏，以实现精确和自适应控制。此外，机械手的机电一体化概念和控制策略必须与其载体平台兼容并良好集成。本文表明了对此类系统的需求，概述了最新技术，指出亟待开发的领域以及相关的挑战。在介绍高性能可扩展作动器的概念之后，介绍了由这些元件组成的机械手的建模和控制策略。

引 言

水下机器人技术在自主智能水下系统的进一步发展中发挥着关键作用。基于敏感和自主操纵的主动水下干预是实现水下操作广泛应用的真正核心能力。水下

S. Bartsch（通信作者），A. Kolesnikov

DFKI Robotics Innovation Center, Bremen, Germany（德国人工智能研究中心机器人创新中心，不来梅，德国）

e-mail: sebibartsch@googlemail.com

A. Kolesnikov

e-mail: andrej.kolesnikov@dfki.de

C. Büskens, M. Echim

Center for Industrial Mathematics, University of Bremen, Bremen, Germany（工业数学中心，不来梅大学，不来梅，德国）

e-mail: bueskens@math.uni-bremen.de

M. Echim

e-mail: mitja@math.uni-bremen.de

© Springer Nature Switzerland AG 2020

F. Kirchner et al. (eds.), *AI Technology for Underwater Robots*,
Intelligent Systems, Control and Automation: Science and Engineering (ISCA, volume 96),
https://doi.org/10.1007/978-3-030-30683-0_8

机器人技术结合直观的远程控制或受监控的自主性，为安装、监控、维护和拆卸任务开辟了新的视角。

到目前为止，连接到 ROV 的机械手通常是单体系统。这些系统主要由液压驱动，能提供很大的力量，但它们是手动遥控操作的，几乎没有传感器反馈。只有少数 AUV 配备了机械手，因为几乎没有任何合适的机械手和控制策略能够满足在自给自足的自由浮动移动平台上进行自主水下干预的要求[1]。

因此，为了确保准确性和灵巧性，目前大多数干预任务由 ROV 或人类潜水员执行。这反过来又限制了干预任务可能的活动范围，以及操作时间和应用领域，导致水下干预操作会产生更多的后勤工作、更高的财务成本和潜在的事故风险，就像使用 AUV 的情况一样。

实现自主水下干预的挑战是要提供与载体平台兼容的系统，专门为预期的任务或是为普遍的适用性进行设计。机械手及其子系统（作动器、末端执行器）必须具有适当的敏感性和准确性，以安全可靠的方式自主执行任务。载体航行器必须补偿操纵的动态效应（例如，推进器必须补偿机械手运动产生的力）。此外，航行器和机械手的控制器必须具有足够的动态性，以补偿水流和水团分布变化等带来的扰动[2]。

满足这些需求的一种方法是基于可扩展的集成作动器模块（包括传感器和电子控制装置）来开发模块化机械手，这些模块可以根据应用来灵活配置。首选的驱动概念是电动的，以便与大多数 AUV 提供的能源兼容。控制与水中浮动基座耦合的机械手需要适当的实时模型，以便能够生成同步运动，以减少相互的动态影响。这类模型还需要确定和控制末端执行器上施加的力和力矩。由于流体动力学计算复杂，一种方法是基于参考实验中生成的数据，为完整系统开发整体抽象模型。对于提出的模块化机械手概念，模型还应该在组件级别上进行模块化，以便能够根据仿真结果优化柔性配置，并以通用方式自动生成不同形态的控制器。

最　新　技　术

文献[3]给出了现有水下机械手的全面概述。该文献所描述的系统可分为液压系统和电气系统，而大多数市售和使用的系统是液压系统。与电动机械手相比，它们的优势在于由很少的部件组成（如没有齿轮），这使得它们的维护强度更低，更不容易出错。液压系统提供了非常高的功率-重量比，并且本身就是加压的。另外，少量液压油的泄漏是常见的，并且需要许多辅助设备，例如液压泵、储液罐、过滤器、调节器、阀门等。电气系统在商业应用中的使用频率较低，而常在科学系统中用作为研究目的而定制的原型来进行部署。这是因为它们具有精确运动和力/扭矩控制的能力。电力是使用电气系统机械手唯一额外的要求，而水下机器人通常已经具备电力，它们的缺点是通常不能满足大多数工业干预任务对速度、可靠性和强度或力量的要求。然而，这些缺点可以通过所提出的模块化方法最小化，该方法允许将不同性能等级的模块相互组合，以配置满足特定任务、特定要求的机械手。如有必要，还可以开发更多模块，并将其添加到构建工具包中。

方　法

模块化系统设计

为了实现机械手及其底层组件的可重构性、可重用性和多功能性，本文作者提出了一种模块化的机械手系统设计方法。DFKI 已经在空间机器人领域的各种项目中采用了这种方法[4,5]。其优势在于可以在模块级别提供具有高度技术成熟度的组件，并且可以根据任务需求编组合适的机械手系统。模块化的更多优势是，单元件数量多从而可以使得模块的制造成本较低，通过保有库存来保证可以及时获取模块，以及快速更换备件模块的可能性。

基于在太空相关项目中获得的发展和经验，电动水下作动器模块的模块化系统设计概念逐渐形成。该紧凑的集成模块（图 1）包含连接到谐波驱动齿轮的内转子无刷直流（brushless direct current, BLDC）电机，它们安装在定制设计的铝结构件中，带有适当的轴承。空心轴允许电缆束轴向穿过作动器。固定在该单元上的电子堆栈提供了电机驱动器，以及在现场可编程门阵列（FPGA）中实现控制、数据采集和通信的电路和逻辑。这些模块为集成和校准提供了良好的可访问性，并且易于维护。三个具有不同尺寸和性能等级的作动器模块被研制出来，这些模块本身既不防水也不耐压。

为了实现密封和内部压力补偿,作动器模块安装在由硬质阳极氧化铝或钛（如需要）制成的附加外壳中。该外壳为每个自由度提供一个密封旋转联轴器和多个法兰，以机械方式将模块的输入和输出侧连接到机械手的结构件上。法兰还为液压软管提供连接，液压软管中有液压液以产生内部压力。用于电力供应和电机电子设备通信的电缆束也布设在软管中。由于在机械手的配置中，两个或三个关节通常靠近布置，并相互旋转 90°以使旋转轴相交，因此该外壳设计的长处是可以容纳多个关节。这样可以减轻重量，并能减少关节与软管接头的数量，从而减少了液压油泄漏和密封方面的复杂性。已开发出三种不同尺寸的外壳，每个外壳可容纳两个相同的作动器模块（图2）。这些水平俯仰云台单元（pan-tilt-unit, PTU）的设计方式使其可与液压补偿一起使用，工作深度可达 6000m，即 600bar（1bar= 10^5Pa）外部压力。

型号	5008-14A	7010-20A	7018-25AM
质量/gr	430	930	1560
额定扭矩/(N·m)	28	92	156
额定转速/[(°)/s]	330	131	82

图 1　作动器模块

（编辑注：扫封底二维码查看彩图）

1gr = 0.064799g

　　图 3 是由三个不同的 PTU 模块构成的 6 自由度机械手，分别显示了它的整体结构及它向部件注入液压油以进行压力补偿的管道路线，以及穿过末端执行器前最后一个 PTU 元件的横截面。

　　PTU5008-14A-T（T 表示钛外壳）已经在 800m 的深度成功测试了一年时间。它被安装在水下爬行器 Wally 上，用来移动摄像头（图4）。

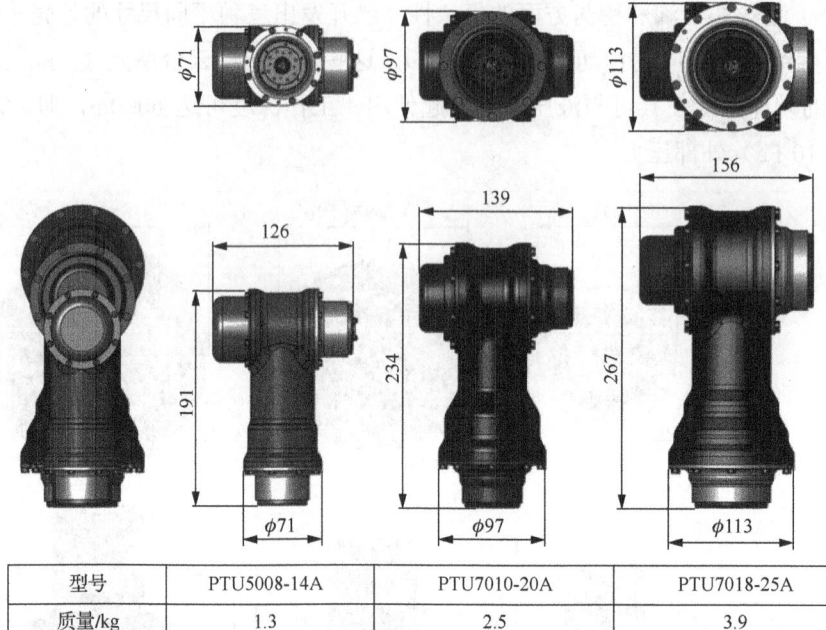

型号	PTU5008-14A	PTU7010-20A	PTU7018-25A
质量/kg	1.3	2.5	3.9
含油质量/kg	1.7	3	4.6
水中含油的质量/kg	0.8	1.7	2.7
额定扭矩/(N·m)	28	92	156
额定转速/[(°)/s]	330	131	82

图 2 云台单元

（编辑注：扫封底二维码查看彩图）

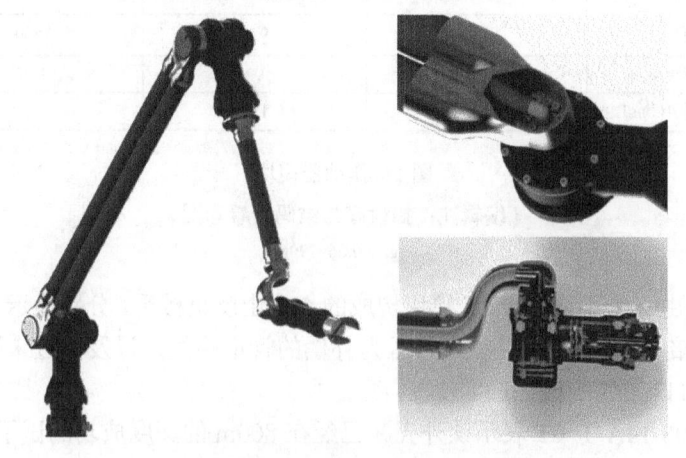

图 3 由三个不同的 PTU 模块构成的 6 自由度机械手

（编辑注：扫封底二维码查看彩图）

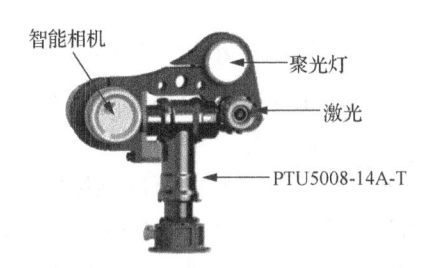

图 4 带摄像头的 PTU，安装在水下爬行器 Wally 上，
并在巴克利峡谷进行了测试
（编辑注：扫封底二维码查看彩图）

建模与控制

从数学建模和系统优化的角度来看，模块化水下机械手的设计过程是一项具有挑战性的任务。为了执行有效的设计过程，需要从所有系统组件的精确数学模型和复杂的非线性仿真系统来考虑主动水下干预的所有相关环境条件。

通常，此类复杂系统的设计过程采用串行设计方法，依次进行设计、仿真和系统优化。多学科设计优化（multidisciplinary design optimization, MDO）概念代表了现代且更高效的设计过程。MDO 允许系统设计人员同时整合所有相关学科的知识，例如流动性能优化、精确的和自适应的控制设计以及机电一体化概念设计。这一概念在航空航天应用中得到了高度重视[6, 7]。MDO 涉及三个主要的数学主题领域：系统建模、参数识别和系统优化。

由于水下复杂的物理现象和相互影响，需要一个基于非线性系统描述的真实模拟系统。这些模型通常采用约简以降低复杂性，而且通过调整模型参数让模型适应观察到的测量结果。建立基于非线性系统描述的真实模拟系统，其中的主要任务是确定非线性模型的参数，使模型与观察到的测量结果相匹配（参数识别）。自动、高效的参数识别需要数学非线性优化方法。当对所有物理影响都有很好的描述时，可以使用数学控制算法以最优化的方式（如能量最佳）操纵可扩展的水下作动器。

最优控制问题可以表述为

$$\min_{x,u} F(x,u,p) := g(x(t_f),t_f) + \int_0^{t_f} f_0(x(t),u(t),t,p)\,\mathrm{d}t$$
$$\text{unter } \dot{x}(t) = f(x(t),u(t),t,p) \quad \text{(OCP)}$$
$$C(x(t),u(t),t,p) \leqslant 0$$
$$\psi(x(0),x(t_f),p) = 0$$

式中，unter 为约束条件；$x \in \mathbb{R}^{n_x}$ 表示在时间 $t \in [0, t_f]$ 的系统状态；$u \in \mathbb{R}^{n_u}$ 表示控制变量，它影响动力学函数 $f: \mathbb{R}^{n_x} \times \mathbb{R}^{n_u} \times \mathbb{R} \times \mathbb{R}^{n_p} \to \mathbb{R}^{n_x}$；$p \in \mathbb{R}^{n_p}$ 表示某些外部干扰。控制变量必须满足某些约束 $C: \mathbb{R}^{n_x} \times \mathbb{R}^{n_u} \times \mathbb{R} \times \mathbb{R}^{n_p} \to \mathbb{R}^{n_c}$，以及初始和最终

条件 $\psi:\mathbb{R}^{n_x} \times \mathbb{R}^{n_x} \times \mathbb{R}^{n_p} \to \mathbb{R}^{n_\psi}$，同时最小化目标函数 F；OCP 为最优控制问题（optimal control problem）。最优控制问题可以被理解为无限维优化问题，因为每个时间点-位置点的状态和控制都必须是最优的[8,9]。当使用直接方法时，存在两种主要的方法将这些无限维优化问题转化为有限维优化问题，要么产生小而密集的问题，要么产生大而稀疏的问题。针对高度非线性的应用，第二种（大而稀疏）方法更有希望，因为模型评估和模拟中的非线性导致数值稳健性。

非线性优化是工业和科学研究中许多应用的关键点。在这种情况下，问题可以被概括为：在某些特定约束内，如何选择模型的自由变量从而使得已定义的目标函数最小化。非线性优化问题定义如下：设 $z \in \mathbb{R}^n$ 是优化向量（如作动器的设计参数或 OCP 的离散控制与状态），$F:\mathbb{R}^n \to \mathbb{R}$ 表示目标函数，$g:\mathbb{R}^n \to \mathbb{R}^{\{l_i\}}$、$h:\mathbb{R}^n \to \mathbb{R}^{\{l_e\}}$ 表示一般非线性约束函数，那么

$$\min_z F(z)$$
$$\text{s.t.} \quad g_i(z) \leqslant 0, \quad i=1,2,\cdots,l_i$$
$$h_j(z) = 0, \quad j=1,2,\cdots,l_e$$

称为非线性规划（non-linear program, NLP）。一般来说，有几种不同的算法可以解决此类问题，它们都是牛顿方法的某种特殊化。求解器 WORHP 专为大规模、稀疏的非线性优化问题而开发，是欧洲太空总署（European Space Agency, ESA）的首选 NLP 求解器。WORHP 使用带内点法的稀疏序列二次规划方法（sequential quadratic programming method, SQP）处理二次规划子问题，或在非线性水平上使用内点法。软件设计侧重于高稳健性和应用驱动设计[9]。NLP 公式和软件包 WORHP 可用于处理 MDO 过程中的主要挑战。

结　　论

自主水下干预需要敏感而精确的操纵能力。然而，现有的机械手大多是液压系统，它们虽然可以承载高负载，但缺乏多用途的操纵技能。此外，液压系统需要大量辅助设备，不适用于自给自足的系统（AUV）。

相反，那些能够以较高精度、感知能力和灵巧性的方式在水下处理重负载的小型与轻型电动机械手或混合系统（电动/液压），将能够实现现有技术无法执行的各种有用操作。此外，模块化将使此类系统可灵活配置，以满足各种应用的要求，而无须对整个系统进行完全重新设计。

因此，我们打算开发新一代模块化水下机械手，使机器人和人类都可以来检查、维护和服务水下基础设施，探索和调查深海环境。在配置和控制方面，数学优化技术将支持此类水下机械手的高效设计过程，成为自主操纵能力的基础。

参 考 文 献

[1] Simetti E, Casalino G, Torelli S, Sperindé A, Turetta A (2014) Floating underwater manipulation: developed control methodology and experimental validation within the TRIDENT project. J Field Robot 31:364-385. https://doi.org/10.1002/rob.21497

[2] Antonelli G (2018) Underwater robots, Chapter 4—"Control of UVMSs". Springer Tracts in Advanced Robotics 123. Springer

[3] Sivčev S, Coleman J, Omerdić E, Dooly G, Toal D (2018) Underwater manipulators: a review. Ocean Eng 163: 431-450

[4] Bartsch S, Birnschein T, Langosz M, Hilljegerdes J, Kuehn D, Kirchner F (2012) Development of the six-legged walking and climbing robot SpaceClimber. In: Sunjev S, Kazuya Y, David W (eds) Special Issue on Space Robotics, number Part 1. J Field Robot, Wiley Subscription Serv 29(3):506-532

[5] Bartsch S, Manz M, Kampmann P, Dettmann A, Hanff H, Langosz M, Szadkowski K V, Hilljegerdes J, Simnofske M, Kloss P, Meder M, Kirchner F (2016) Development and control of the multi-legged robot mantis. In: Proceedings of ISR 2016: 47st international symposium on robotics, (ISR-2016). 21-22 June 2016, München, VDE VERLAG GmbH, pp 379-386. ISBN: 978-3-8007-4231-8

[6] Castellini F, Riccardi A, Lavagna M, Büskens C (2011) Launch vehicles multidisciplinary optimization, a step from conceptual to early preliminary design. In: Proceedings of the 62nd international astronautical conference. Kapstadt, Südafrika, 3-7 Oct 2011

[7] Riccardi A, Castellini F, Büskens C, Lavagna M (2012) SVAGO MDO environment's potential for educational activities. In: 5th international conference on astrodynamics tools and techniques. Noordwijk, Niederlande, 29 June-01 May 2012

[8] Knauer M, Büskens C (2012) From WORHP to TransWORHP. In: Proceedings of the 5th international conference on astrodynamics tools and techniques

[9] Büskens C, Wassel D (2012) The esa nlp solver worhp. In modeling and optimization in space engineering. Springer, pp 85-110

第三部分
环境干预和分析

前面的文章关注了自主水下机器人的物理特性，这些特性决定了机器人系统是否具备在水下停留更长时间并且稳定运行的能力。下面的内容将涉及与环境交互暨干预能力所需功能密切相关的感知能力。这种干预能力包含动态反应的能力，不仅意味着驱动（actuation），而且还意味着对驱动效果的内部感知能力。

在前文介绍的硬件设计基础上，本部分的前两篇文章关注于使用了动态全身控制方法的硬件控制能力，具备该能力的机器人可以以协调的方式激活作动器，实现复杂和整体的行为。第 9 篇文章展示了使用机器学习将现有全身控制方案扩展为动态全身控制，而第 10 篇文章则更侧重于动态抓取能力的实现。动态全身控制和水下动态抓取这两种功能都需要水下领域的高度专业化，因为系统本身的运动会在水中施加力和产生水流，考虑这些力和水流才能有效执行所需的行为。此外，如果系统使用夹具抓手执行动作，则整个机器人在水中自由漂浮的动力学会发生变化，必须再次将其集成以用于后续移动。如果传感器或作动器模块被添加到系统中或从系统上卸载，也需要类似处理。

接下来的两篇文章内容将涉及水下领域必须应对的特定传感技术的挑战。基于此，第 11 篇文章关注有地图和没有地图的视觉导航功能。文中指出了海底环境的探索给那些在陆地领域已经应用非常成熟的技术带来了高度不确定性，同时文章也提供了一些关于如何处理这些问题的线索，这样将有可能产生更先进的方法。为了感知环境，可以使用多种模式相互补充。对水下机器人的新概念而言，引入多模态传感器单元更为重要，因为在水下驻留的情况下，系统需要具有安全失败（fail-safe）机制，传感器套件必须为多种环境条件做好准备。多模态传感器还可用于验证每个传感器组件中的测量值，这可以让机器人识别故障并做出反应。

本部分的最后一篇文章主要关注机器人及其环境的模拟，大多数要执行的动作和所要实现的目标在真实世界中执行之前要能被模拟仿真。这种模拟集成了前面章节涉及的传感器输入，在执行前对环境的感知和干预进行仿真。为了改进和微调系统的设计和行为，以及出于训练和开发目的，这种模拟仿真不需要在真实的水下机器人上运行。为正在进行中的任务创建稳定和动态的行为，模拟需要在系统内部运行，因为现实场景中没有或几乎没有可能进行通信。

用于水下操纵的机器学习和动态全身控制

若泽·德赫亚·费尔南德斯，克里斯蒂安·奥特，比拉尔·韦贝
José de Gea Fernández, Christian Ott and Bilal Wehbe

摘要 当前自主水下操纵仍然是一个开放的研究挑战。本文描述了应对这些尚未解决的开放式挑战的方法，首先介绍了机器学习技术用于在线识别和适应航行器动力学（处理漂移补偿、质量变化等），以及使用基于上下文（context based）的高级别控制器配置来适应系统形态、硬件和/或任务的变化；之后设想了基于全身控制技术扩展的水下机械手的鲁棒控制（robust control），该控制考虑了异构驱动（底座上的推进器，臂关节上的作动器）以及具有不确定性的水下航行器动力学；最后形成一个高度可配置的系统，其行为可以自适应应对环境、自身形态和/或任务目标的变化。系统被安排在两种不同的场景中进行验证：位于德国宇航中心（Deutsches Zentrum für Luft-und Raumfahrt, DLR）的原本用于空间应用和空中机器人的浮基动力学测试台，以及位于 DFKI 的深水池。

引 言

在商用和研究用途的水下航行器上安装的机械手是远程遥控的，阻碍它们自主运行的挑战主要来自两个方面：第一个挑战是模型（包括航行器及其流体动力学模型）的不确定性和复杂性，不仅影响水下航行器的控制，而且对于安装在这种水下航行器上的机械手的性能和控制更为关键，尤其因为机械手和航行器之间

J. de Gea Fernández（通信作者），B. Wehbe
DFKI Robotics Innovation Center, Bremen, Germany （德国人工智能研究中心机器人创新中心，不来梅，德国）
e-mail: jose.de_gea_fernandez@dfki.de

B. Wehbe
e-mail: bilal.wehbe@dfki.de

C. Ott
Institute of Robotics and Mechatronics, Wessling, Germany （机器人与机电一体化研究所，韦斯灵，德国）
e-mail: christian.ott@dlr.de

© Springer Nature Switzerland AG 2020
F. Kirchner et al. (eds.), *AI Technology for Underwater Robots*,
Intelligent Systems, Control and Automation: Science and Engineering (ISCA, volume 96),
https://doi.org/10.1007/978-3-030-30683-0_9

的力的动态耦合（例如，机械手的运动和接触力"干扰"了航行器的运动，反之亦然）；第二个挑战来自航行器的欠驱动（underactuation，配备的作动器少于要控制的自由度的数目）。水下航行器的欠驱动情况对于安装了机械手的航行器变得更加突出和关键，因为它需要更高的灵巧性和精度控制。第二个挑战有两个影响：首先是无法生成任意轨迹以到达空间中的期望点，因此需要更复杂的轨迹和非线性控制技术；其次，与部署了"更快"作动器的机械手相比，性能表现不佳的"慢"推进器的使用需要更强的机器人控制架构才能应对这种异构的作动器系统。

当前，大多数 ROV 标准设备使用远程遥控机械手，相比较而言，自主操纵的机械手仍然是个研究挑战，很少有最新的案例（一个例子是文献[1]中的工作）。原则上，水下机械手的运动方程类似于固定机械手的运动方程，然而实际上存在一些关键的差别，例如建模知识方面的不确定性（主要是由于对水动力效应的认识不足）、数学模型的复杂性、系统（航行器加上臂）的运动冗余、控制航行器悬停的难度（主要是由于推进器性能不佳），以及航行器和机械手之间的动态耦合。

从 20 世纪 80 年代至今，对浮动操纵结构的控制一直是研究的重点，尤其是空间机器人领域，从而在分层控制架构方面取得了重要的成果。在水下应用方面，最初的工作是 20 世纪 90 年代进行的机械手控制[2]以及关注航行器与手臂控制之间遥控操作的协调问题[3]。水下自主操纵最初的一次成功尝试是 20 世纪 90 年代后期的 SAUVIM（Semi Autonomous Underwater Vehicle for Intervention Mission，用于干预任务的半自主水下航行器，夏威夷大学）项目[4]。最初的尝试之后，一个重要的研究内容就是通过某种任务优先级的框架进行冗余度的探索。这也是文献[1]中工作的焦点，其中提出了一种用以开发多用途干预自主水下航行器的控制框架（I-AUV），该航行器包含了 TRIDENT EU FP7（译者注：7th Framework Programme 为欧盟第七框架计划，简称 FP7）中的 7-DoF（自由度）机械臂。特别地，这项工作专注于利用高度冗余的系统来实现灵巧的物体抓取。关于 20 世纪 90 年代末之前的水下机器人的控制体系架构的综述可参考文献[5]。

近年来，出现了将机器人系统作为整体来控制的整体分析方法，被称为"全身控制"技术，特别是针对由移动平台（轮子或腿）和操纵系统组成的复杂和高度冗余的系统。这些全身控制框架负责多个同步控制目标（姿势控制、操纵、行走等）。因为全身控制使用实时反馈，所以使用这些方法的机器人适应性更强，可以对突发的传感反馈信号迅速做出反应，在运行时解析这些信号，以便最优化地使用所有可用的机器人自由度。全身运动概念最初产生于仿生机器人尝试行走动作并试图同时保证系统平衡的时候。

在文献[6]中，术语"全身控制"第一次被用于指代一套基于浮基与任务导向的动态控制和优先级的框架，能够使仿生机器人实现同步实时控制的目标。通过使用层级来处理冲突并选择其中之一设定最高优先级，实现多个控制器之间的优先级及其协调。一旦操纵开始运作，与环境的接触是必然的，不能被视作干扰，而且复杂的机器人系统需要同时处理多个接触的力（脚和移动底座与地面、机械手或正在操纵物体的机械手之间），以及处理让系统保持平衡或最佳姿势等任务。这需要基于实时反馈的高效的和在线的控制策略，最优化地使用此类机器人系统的冗余。这不仅与仿真机器人相关，也可用于那些拥有高度冗余的系统应用，例如需要处理并发任务的双臂机器人系统[7]。考虑自由浮动式系统具有冗余系统的特点，例如由 AUV 和机械手组成的系统，似乎水下领域也适合使用全身控制的概念，尤其是当多个操纵动作（以及接触力）出现的情况。当然，这个新领域中还面临着一些挑战，例如作动器的异构性、基于当前上下文或任务的自动重新配置，以及如何处理前面提到的动力学效应。

接下来的部分将提供一些应对这些挑战的方法的细节。

方　　法

上下文自适应的机器学习和全身控制任务的自动重新配置

如前所述，水下操纵的主要挑战之一来自操纵器自身与其周围流体之间复杂的非线性的相互作用。由于几种水动力学效应，例如附加的质量、阻尼和升力效应、阿基米德浮力和外在的扰动[8]，动力学中的非线性自然会出现。由于温度、水密度和盐度等环境参数的变化，精确估计水动力参数几乎是不可能的[9]。由于数学方程的简化，比如假设物体具有几何对称性和忽略高阶非线性的影响，水下航行器的流体动力学的经典建模技术存在着不准确性。在这个方面，机器学习是一种有前途的技术，它为训练复杂的非线性模型提供了输入和输出，因而可用于航行器流体动力学未建模的部分[10]。安装在 AUV 上的机械手进行自由浮动操纵时，执行高精度操纵动作的能力至关重要。若该机械手还必须处理不同形状和大小的物体，这个过程会变得更加复杂，这使得任何预编程的流体动力学方程都过时了。这种情况使人们需要面对两个挑战：第一个挑战是要开发出能准确预测的模型，并估计这些预测的不确定性，这样可用于导航；机器人的动力学发生变化时（如承载不同重量或机器人自身部位发生变化）就产生了第二个挑战，这个时候在线学习（即时学习）就可以发挥作用了，通过从机器人传感器套件提取的数据流中实时地学习并且动态地调整动力学模型。

因此，首要任务是使用机器学习技术开发软件库，以识别机械-手臂系统的动态运动模型，并能根据不同的操作任务相应地调整这些模型，同时将这些模型结合起来嵌入全身控制框架。在这方面，DFKI 已能使用基于机器学习的在线模型识别技术，识别水下航行器的运动模型（该案例中没有机械手）[11-13]。类似地，在通过使用经典技术和机器学习方法进行机器人动力学识别[14]或使用数据驱动方法进行动力学识别[15]的方面也有实际使用经验,这些方法可通过实验数据增强来自模拟模型的信息。

图 1 说明了这些发展背后的概念。图的上半部分是挑战:模块化多功能水下机械手将会遇到的环境干扰、负载变化或硬件重配置。中间部分是构想的目标:持久运行,也就是通过准确的和自适应的运动估计实现其长时间的自主性。最下面部分是实现的方法:使用机器学习技术,通过使用实验数据和在线学习来识别系统动态,从而应对不断变化的动态。

最后,全身控制器的主要障碍之一在于它们的配置是一项烦琐的任务,在给定某个系统和/或任务的情况下通常手动来完成。出于这个原因,在给定高层次背景和任务信息的情况下,使用机器学习技术来发展自动化策略实现全身控制器的参数配置成为在实际使用中取得成功的一项关键要素。此外,对于为构建特定系统而选取的硬件模块,要自动选择和配置所需控制器。这些配置信息反过来可以用作建模和适应系统动力学的先验知识。因此,最终结果是一个系统,它既可以使用上下文信息自适应其行为,又可以使用有关硬件的信息改变软件控制网络的形态。

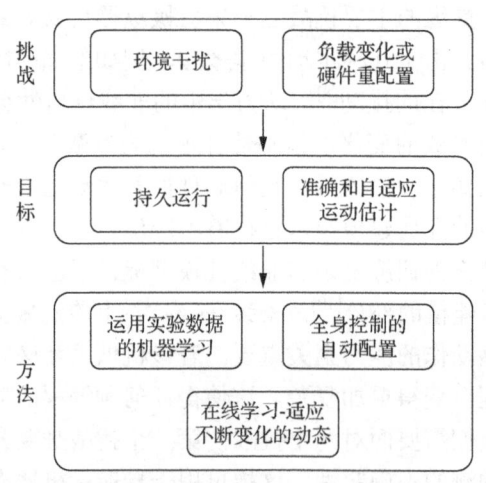

图 1 使用机器学习技术进行全身系统动态识别的挑战、目标和方法的概念图

用于欠驱动和异构的系统的全身控制扩展

具有驱动底座和关节臂的水下机器人的应用需要结合移动性和操控性技巧,因此针对此类系统,人们提出全身控制方法,用不同优先级来集成多个控制目标[9]。在物理交互的背景下,文献[16]中提出了一个层级依从性控制框架,用于使用被动参数的固定底座机械手。在文献[17]中考虑将这类依从性控制器与具有位置/速度控制的移动底座组合起来。此外,相同的框架也已应用于步行机器人的浮基动力学,但其前提是可用的触点允许适当控制接触力[18]。为了将类似的控制方

法应用于水下机械手，人们可以利用那些拥有浮基的不同机器人系统之间的结构相似性。当比较太空操纵器[19]、步行机器人[20]和航空操纵器[21]的主要刚体动力学时，可以观察到一种通用的动力学结构，其中的浮基动力学被用以结合不同的接触条件和不同的作动器特性。在水下操纵器的背景下，航行器的水下动力学和航行器可能的欠驱动的控制系统起着尤其重要的作用。对于控制器设计，必须特别注意控制器在水下动力学不确定性方面的稳健性。理论的稳健性分析可以基于输入状态稳定性的概念，并且可以使用系统公式，其中模型不确定性被视为名义受控动力学（the nominal controlled dynamics）的扰动。完整运动链的冗余允许考虑不同的任务变量，包括控制层次结构中不同优先级的航行器姿态和动量变量。事实上，使用整个系统的动量变量而不是航行器姿态和方向，已在空间机器人的场景下[19]研制出高效的控制器，很可能类似的性能也可以用于水下系统。如此，接下来将会提出一个基础性的问题，如何处理机械手操纵（所需的）接触力与欠驱动的基座的动力学之间的动态相互作用。

基于控制欠驱动的水下机械手的通用层次结构框架，下一个挑战是将该框架扩展到更现实的作动器模型和水下系统中出现的控制架构。与最先进的机器人作动器相比，水下航行器的推进器具有相对较慢的动力学和控制速率。此外，还需要考虑底座和机械手的分布式计算。因此，最终必须考虑异构的控制架构，其中不同的子系统和传感器以不同的控制速率运行。时域被动概念（time domain passivity concept, TDPC）为此类异构控制架构提供了强大的框架。最终目标是建立通用的控制器设计方法，它可以避免时间迟滞、采样和作动器动力学对整体性能的影响。作为实现这一目标的第一步，TDPC可以生成额外的校正控制组件，提高所有全身控制器的稳健性以防止这些模型的缺陷。

评　　估

已开发的控制策略被安排在两个不同的试验台上进行测试和评估。一方面，全身控制的核心研发部分将在现有的浮基动力学仿真基础设施中进行最初验证，该设施位于DLR（图2右），主要面向空间应用和空中机器人。另一方面，全身系统动力学将在DFKI的深水池中进行检验（图2左）。在随后的阶段，最终的研发部分也将通过使用DFKI可用的水下操纵器，继续在DFKI的深水池中进行验证。

模型学习通常需要足够丰富的数据，因为几乎不可能覆盖全部空间，所以这些数据必须要覆盖模型的大部分状态空间[22]。因此，获取足够大而丰富的数据集是学习得到准确模型的必要步骤。为此，将在DFKI的海事测试设施中进行广泛的识别实验，在那里将对系统进行所需的额外刺激。例如，机器人将被命令遍历随机周期性的轨迹，可用于生成此类轨迹的几种方法在文献[23]中进行了更详细的讨论。为了确保模型能良好泛化，必须进行单独的实验来测试模型的性能。验证实验通常涉及命令机器人执行随机的点对点轨迹，然后用测量数据交叉验证模型预测能力。DFKI 已经使用两个 AUV（没有机械手）对这种方法进行了测试，在文献[10]、[13]中介绍了几种机器学习方法和基于经典物理学的方法之间的比较。

图 2　位于 DFKI 的用于测试水下航行器的水池（左）；位于 DLR 的用于空间应用和空中机器人的浮基动力学仿真基础设施（右）

（编辑注：扫封底二维码查看彩图）

对于在线学习的方法，需要实时地获取和处理不断增加的数据流。在这种情况下，需要通过一些额外方法增加采样和减少采样来处理连续不断的数据流。由于机器人将与环境进行物理交互，需要考虑它可能遇到的未知或不可预见的情况。因此，需要考虑涉及时间相关动力学的实验和试验。可以设计几个实验场景，其中要求机器人执行以前未考虑的任务，例如与未知质量的不同物体交互，或在配备不同有效载荷的情况下遵循特定轨迹等。需要通过这类实验来测试和验证在线学习不断适应新情况的能力。除了已学习模型的预测准确性之外，要测试的另外两个方面分别是：①适应速度；②模型在先前学习的上下文之间切换或决定需要学习新模型的能力。文献[12]中提出了 AUV 动力学在线学习的概念框架，其中提供了增加和减少数据样本的方法以及离群值剔除的方法。该框架在 AUV 的实验数据上得到了验证，并对其机械结构进行了修改。此外，很少有方法可以用来提高在线学习的整体性能。一种方法是将学习与专家知识相结合，专家知识可以用作该学习方法的先验信息[24]。另一种方法是通过适当地选择一组数据样本来增加在线学习的收敛速度，这种方法通常被称为主动学习[25,26]。

图 2 右所示的机器人硬件在环（hardware in the loop）模拟器曾被用于评估各种浮基系统，包括自由浮动的太空机械手和基于直升机的航空机械手。将该系统应用于水下操纵器控制方法的开发和评估，需要在航行器动力学中实现对水下效

应的有效近似。该系统的优点之一是可以轻松模拟航行器动力学中的各种不同情况（如在静止或动态流体中的不同水下效应）。此外，它还允许分离机器人自身动力学的影响和机器人所处环境的影响。在该系统上进行的测试将侧重于在模拟的不同水下条件下使用动量变量进行全身控制。这些测试被视为在真实水下环境中进行室外现场试验之前的初步评估。

参 考 文 献

[1] Simetti E, Casalino G, Torelli S, Sperindé A, Turetta A (2014) Floating underwater manipulation: developed control methodology and experimental validation within the trident project. J Field Robot 31(3):364-385. https://doi.org/10.1002/rob.21497

[2] Yoerger D R, Schempf H, Dipietro D M (1991) Design and performance evaluation of an actively compliant underwater manipulator for full-ocean depth. J Robot Syst 8(3):371-392. https:// doi.org/10.1002/rob.4620080306

[3] Schempf H, Yoerger D R (1992) Coordinated vehicle/manipulation design and control issues for underwater telemanipulation. IFAC Proc 25(3):259-267. IFAC workshop on artificial intelligence control and advanced technology in marine automation (CAMS'92), Genova, Italy, April 8-10

[4] Yuh J, Choi S K, Ikehara C, Kim G H, McMurty G, Ghasemi-Nejhad M, Sarkar N, Sugihara K (1998) Design of a semi-autonomous underwater vehicle for intervention missions (sauvim). In: Proceedings of 1998 international symposium on underwater technology, pp 63-68. https:// doi.org/10.1109/UT.1998.670059

[5] Yuh J (2000) Design and control of autonomous underwater robots: a survey. Auton Robot 8(1):7-24. https://doi.org/10.1023/A:1008984701078

[6] Sentis L (2007) Synthesis and control of whole-body behaviors in humanoid systems. Ph.D. thesis, Stanford, CA, USA

[7] de Gea Fernández J, Mronga D, Günther M, Knobloch T, Wirkus M, Schröer M, Trampler M, Stiene S, Kirchner E, Bargsten V, Bänziger T, Teiwes J, Krüger T, Kirchner F (2017) Multimodal sensor-based whole-body control for human-robot collaboration in industrial settings. Robot Auton Syst 94(Supplement C):102-119. https://doi.org/10.1016/j.robot.2017.04.007

[8] Fossen T I (2002) Marine control systems: guidance, navigation and control of ships, rigs and underwater vehicles

[9] Antonelli G (2006) Underwater robots: motion and force control of vehicle-manipulator systems. Springer tracts in advanced robotics, vol 2

[10] Wehbe B, Hidebrandt M, Kirchner F (2017) Experimental evaluation of various machine learning regression methods for model identification of autonomous underwater vehicles. In: Proceedings of 2017 international conference on robotics and automation (ICRA). IEEE international conference on robotics and automation (ICRA-17), pp 4885-4890. IEEE Robotics and Automation Society, IEEE

[11] Hanff H, Kloss P, Wehbe B, Kampmann P, Kroffke S, Sander A, Firvida M B, von Einem M, Bode J F, Kirchner F (2017) Auv^x—a novel miniaturized autonomous underwater vehicle. In: OCEANS 2017—Aberdeen, pp 1-10. https://doi.org/10.1109/OCEANSE.2017.8084946

[12] Wehbe B, Fabisch A, Krell M M (2017) Online model identification for underwater vehicles through incremental support vector regression. In: 2017 IEEE/RSJ international conference on intelligent robots and systems (IROS), pp 4173-4180. https://doi.org/10.1109/IROS.2017. 8206278

[13] Wehbe B, Krell M M (2017) Learning coupled dynamic models of underwater vehicles using support vector regression. In: OCEANS 2017—Aberdeen, pp 1-7. https://doi.org/10.1109/ OCEANSE.2017.8084596

[14] Bargsten V, de Gea Fernández J, Kassahun Y (2016) Experimental robot inverse dynamics identification using classical and machine learning techniques. In: Proceedings of ISR 2016: 47st international symposium on robotics, pp 1-6

[15] Yu B, de Gea Fernández J, Kassahun Y, Bargsten V (2017) Learning the elasticity of a series-elastic actuator for accurate torque control. In: Benferhat S, Tabia K, Ali M (eds) advances in artificial intelligence: from theory to practice: 30th international conference on industrial engineering and other applications of applied intelligent systems, IEA/AIE 2017, Arras, France, June 27-30, 2017, Proceedings, Part I, pp 543-552. Springer International Publishing

[16] Ott C, Dietrich A, Albu-Schäffer A (2015) Prioritized multi-task compliance control of redundant manipulators. Automatica 53:416-423

[17] Dietrich A, Bussmann K, Petit F, Kotyczka P, Ott C, Lohmann B, Albu-Schäffer A (2015) Whole-body impedance control of wheeled mobile manipulators: stability analysis and experiments on the humanoid robot Rollin' Justin. Auton Robot

[18] Henze B, Dietrich A, Ott C (2016) An approach to combine balancing and multi-objective manipulation for legged humanoid robots. IEEE Robot Autom Lett 1(2):700-707

[19] Giordano A M, Garofalo G, Stefano M D, Ott C, Albu-Schaeffer A (2016) Dynamics and control of a free-floating space robot in presence of nonzero linear and angular momenta. In: Proceedings of IEEE annual conference on decision and control (CDC), pp 322-327

[20] Garofalo G, Henze B, Englsberger J, Ott C (2015) On the inertially decoupled structure of the floating base robot dynamics. In: Proceedings of 8th vienna international conference on mathematical modelling (MATHMOD), pp 322-327

[21] Kim M J, Kondak K, Ott C (2018) A stabilizing controller for regulation of UAV with manipulator. IEEE Robot Autom Lett (2018)

[22] Nguyen-Tuong D, Peters J (2011) Model learning for robot control: a survey. Cognit Process 12(4):319-340

[23] Swevers J, Verdonck W, Schutter J D (2007) Dynamic model identification for industrial robots. IEEE Control Syst Mag 27(5):58-71. https://doi.org/10.1109/MCS.2007.904659

[24] Nguyen-Tuong D, Peters J (2010) Using model knowledge for learning inverse dynamics. In: 2010 IEEE international conference on robotics and automation, pp 2677-2682 (2010). https://doi.org/10.1109/ROBOT.2010.5509858

[25] Daniel C, Kroemer O, Viering M, Metz J, Peters J (2015) Active reward learning with a novel acquisition function. Auton Robot 39(3):389-405

[26] Martinez-Cantin R, Lopes M, Montesano L (2010) Body schema acquisition through active learning. In: 2010 IEEE international conference on robotics and automation, pp 1860-1866. https://doi.org/10.1109/ROBOT.2010.5509406

水下抓取系统的自适应控制

彼得·坎普曼，克里斯托夫·比斯肯斯，汪盛迪，迪尔克·伍本，阿明·德科西
Peter Kampmann, Christof Büskens, Wang Shengdi, Dirk Wübben and Armin Dekorsy

摘要 机器人系统通过远程操作或自主运行来抓取水下的物体依然是当下较大的挑战之一。目前大多数水下操纵任务是通过遥控潜水器（ROV）来执行的，这些航行器处理所有涉及人工干预的工业维护和检查任务。对自主水下航行器（AUV）的操纵仍然是一个研究课题，在系统配置中涉及对移动底座及相互作用力的控制是最具挑战的。本文所介绍的已有成果和预期进一步研究方向将集中在自主移动操纵过程中对末端执行器本身的控制和信号处理。

基　　础

尽管关于水下抓手自适应控制方面的研究建立在机械和电子的基础之上，但在相当大的程度上这是一项算法挑战。也就是说，需要充分利用灵巧的运动学和良好可用的传感器套件。接下来的部分将介绍抓手的自适应控制在水下应用所取得的成绩。

P. Kampmann（通信作者）
DFKI GmbH, Robotics Innovation Center, University of Bremen, Bremen, Germany（德国人工智能研究中心机器人创新中心，不来梅大学，不来梅，德国）
e-mail: peter.kampmann@dfki.de

C. Büskens
Center for Technomathematics, University of Bremen, Bremen, Germany（不来梅大学技术数学中心，不来梅，德国）
e-mail: bueskens@math.uni-bremen.de

Wang S. D., D. Wübben, A. Dekorsy
Department of Communications Engineering, University of Bremen, Bremen, Germany（不来梅大学通信工程系，不来梅，德国）
e-mail: wang@ant.uni-bremen.de

D. Wübben
e-mail: wuebben@ant.uni-bremen.de

A. Dekorsy
e-mail: dekorsy@ant.uni-bremen.de

© Springer Nature Switzerland AG 2020
F. Kirchner et al. (eds.), *AI Technology for Underwater Robots*,
Intelligent Systems, Control and Automation: Science and Engineering (ISCA, volume 96),
https://doi.org/10.1007/978-3-030-30683-0_10

抓取系统

高级抓握能力的基础是合适的机械手，它允许形成力封闭或形态封闭的抓握，并配备一组可监控自主操纵任务的传感器。长期以来，具有挑战性的环境条件限制了水下应用的此类末端执行器的发展。周围的压力、含盐的水和与水直接接触等环境条件的限制使得那些可用于陆地应用的传统解决方案无法用于水下。这也是本文全面介绍水下抓取系统最新技术的原因。由于具有触觉反馈的抓取系统对于自主操纵非常关键，因此将重点聚焦在具有该技术的夹持器上。

文献[1]报道了多指水下机械手的首次尝试。在 AMADEUS 项目期间，研究人员开发了一种三指抓取器，其中包括用于测量力的应变计以及用于滑动传感的聚偏氟乙烯（PVDF）传感器。

这个三指抓取器的驱动原理是在每个手指中使用三个波纹管结构来弯曲手指元件。位置控制必须基于从波纹管结构内的压力得出的姿态估计，使用液压驱动实现了在 10Hz 下动态行为操作。预期在远程操作模式下使用 AMADEUS 夹持器，将辅助功能与基于集成传感器的触觉感知模型生成相结合。

哈尔滨工程大学设计的 HEU Hand Ⅱ 被用于工业深海机械手，关于它的工作在文献[2]中有所介绍。其形态上选择基于三指的设计，每个指头都有两个关节。一组应变计传感器集成在指尖中，结合观察直流电机驱动施加的扭矩进行接触感应。阻抗控制作为一种控制方案来实施。该作者指出，这种方法在应用于水下场景时会带来额外的挑战，类似增加的质量、阻力和浮力等水动力条件还不能被准确地了解。这也是该作者应用基于位置的神经网络阻抗控制方法来应对机器人模型中不确定性的原因。

文献[3]介绍了在 TRIDENT 项目中应用的三指人工肌腱驱动的机械手。该夹持器与 Girona 500 自主水下航行器（AUV）上的电动水下机械手结合使用。它的特点在于指尖的接触传感单元采用光学测量原理，在驱动抓手的电机控制器上实现速度和位置控制。这些控制器还连接着一个控制单元，以 100Hz 协调 AUV 的机械臂和抓取系统的运行。

另一种专注于多模态触觉传感器反馈的三指抓手是在 SeeGrip 项目期间开发的[4]。它旨在用作工业深海机械手的替代工具。其形态特征是两个相对的拇指以及每个手指上的两个肢节。绝对角度编码器实施位置控制，依靠在 50bar 和 3kHz 频率下工作的亚微型伺服阀作动（图1）。

回顾当下最新的技术水平，可以得出如下结论：大多数水下应用的机器人抓手都是为了与 ROV 一起实现远程操作任务而开发的。自主抓取需要具备对尽可能多的外部刺激做出反应的能力。与陆地上的应用不同，对抓手和被处理的物体这两方面都需要考虑水动力学和阻尼参数。

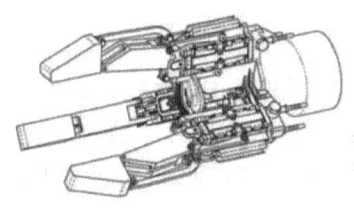

图 1　SeeGrip 抓手的形态和现场试验[5]

（编辑注：扫封底二维码查看彩图）

触摸传感器

本节针对应用于与水接触以及环境压力变化的传感器，简要讨论了其设计注意事项。

测量抓手的姿态对于抓取前的定位和识别抓手中物体的几何形状至关重要。类似轮型编码器这样的经典方法不适合这一任务，因为它们需要耐压的外壳，而且直接浸入水环境中其可靠性有限。由于磁场不会受水的影响而衰减，基于霍尔效应的传感器非常适合且已被成功证明可用于测量水体中的角度位置[6]。

该研究还进一步研究了基于耐压的力传感器。为了提高传感器反馈的质量，需要能够与水深压力无关且不会因与水接触而损坏的传感器。

在测量绝对力方面，应变计传感器的测量原理已被证明是相当可靠的，可以在微机电系统（microelectromechanical system, MEMS）技术中使用，并且布置在惠斯通电桥电路中。

非线性最优化控制的解决方案

对许多工业和科学应用来说，非线性最优化是一个关键特性。在这种情况下，问题可以概括为，如何选择模型的自由变量以在保持某些约束的同时使已定义的目标函数最小化。非线性优化问题定义如下：设 $z \in \mathbb{R}^n$ 为最优化矢量（如抓手的控制参数），然后令 $F:\mathbb{R}^n \to \mathbb{R}$ 表示目标函数，$g:\mathbb{R}^n \to \mathbb{R}^{(l_i)}$、$h:\mathbb{R}^n \to \mathbb{R}^{(l_e)}$ 表示一般非线性约束函数，那么

$$\min_{z} F(z)$$
$$\text{s.t.} \quad g_i(z) \leqslant 0, \quad i=1,2,\cdots,l_i$$
$$h_j(z) = 0, \quad j=1,2,\cdots,l_e$$

称为非线性规划。一般来说，有几种不同的算法可以解决此类问题。所有这些方法都是牛顿方法的某种特殊化。求解器 WORHP 专为大规模、稀疏的非线性优化问题而开发，是欧洲太空总署的首选 NLP 求解器。WORHP 采用的方法是对二次子问题使用带有内点法的稀疏序列二次规划方法，或者在非线性水平上使用内点法。软件设计侧重于高稳健性和应用驱动的设计[7]。

分布式计算原理

分布式计算的概念来源于计算机科学领域的分布式系统。分布式系统由各种联网的计算机组成，这些计算机通过消息传送相互通信，以协调它们的行动，最终实现一个共同的目标[8]。分布式计算是一种方法，通常也是一种算法，通过分布式方式可以解决一般性、全局性的问题。主要目标问题被分为多个子问题，每个子问题都由分布式系统的一个组件（即一台或多台计算机）负责解决。

在许多文献中（如文献[9]）提到，分布式系统上的分布式计算比集中计算具备某些优势，集中计算时所有信息都在计算中心进行计算。这增加了整个系统的稳健性。当组件的网络需要处理很大块或海量数据时，防止拥堵也是分布式计算的一个相当大的优势。将全局问题的计算任务分配到不同的计算机上将使计算效率更高。

要设计出一种合适的分布式计算算法，不仅需要追求全局问题的相对准确解决方案，同时还要保持计算效率。此外，还应考虑其他一些需求，例如低通信负荷、并行处理、可接受的延迟、同步、可扩展性等。

触觉探索

物体的触觉探索仍然只是处于被广泛探索的阶段，其原因大概是陆地上的大多数应用缺乏这种需求，而水下应用存在灵活性和触觉支持方面的限制。

对水下应用而言，这项技术就变得非常重要了，因为有限的能见度常常导致不具备可以进行自主甚至手动操纵的环境条件。

目前，该领域水下应用的技术水平非常有限。文献[10]中提出了一种在六个自由度上识别和定位已知对象的方法。抓手运动学因其高空间分辨率以及可以对力进行分解使得人们可以用密集点云来表示接触的对象，从而能够使用先进的点云匹配技术以及迭代最近点（iterative closest point, ICP）方法。结合 Batch RANSAC 算法，该方法可以根据数据库匹配来不断演化对于探索对象的假设。Aggarwal 等[10]指出，该方法仅限于用于该方法的夹持器系统的单一传感器元件，因此可以大幅优化（图2）。

就文献[11]中尝试的人类探索策略而言，在文献[5]中轮廓跟踪被评估为一种有效的未知物体探测方法。这种方法使用获得的触觉图像作为移动末端执行器的指示。根据获得的 S 形几何形态，使用简单的触觉图像路径规划来定位和移动机械臂。为了实现复杂物体轮廓的重构，需要根据已经获得的物体结构，对数据进行在线处理以生成信息，从而推导出下一步的探索动作。这项任务的计算量很大，因为它需要路径规划、模式匹配、数据融合以及多指驱动控制。

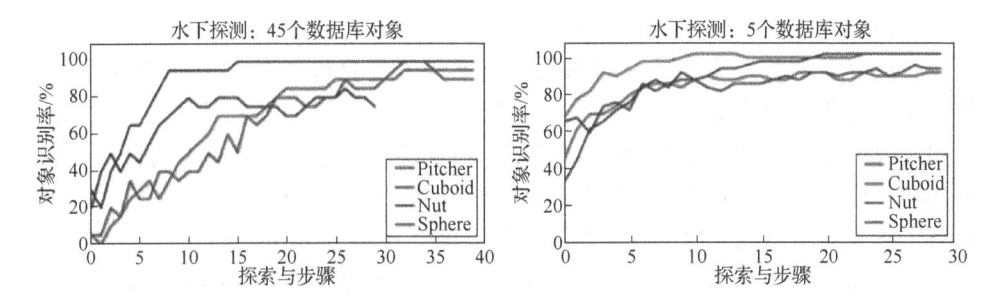

图2 使用文献[10]中对象探索方法的对象识别率
（编辑注：扫封底二维码查看彩图）

Pitcher 表示有嘴有柄的壶；Cuboid 表示立方体；Nut 表示螺帽；Sphere 表示球体

水下操纵的自适应控制

  由于物理现象的复杂性和其相互的影响，水下触觉探索是一项高度非线性的任务。要使用复杂的数值优化软件，需要对所有的影响和数学模型有基本的了解。一般来说，构建这些模型时，需要使用简化从而来降低模型复杂度，同时调整模型参数来使模型与观察到的测量结果相适应。第一个任务是确定非线性模型的参数，使模型与观察到的测量值相匹配（参数识别）。自动且高效的参数识别需要数学非线性优化方法，例如前面章节中的非线性规划公式。只有当对所有物理影响都有很好的表达时，人们才能使用数学控制算法，以最优方式（如时间或能量最优）在水下操纵抓手。最优控制问题可以理解为无限维优化问题，因为每个时间-空间点的状态和控制都必须是最优的[12]。当使用直接法时，现有能将这些无限维优化问题转化为有限维优化问题的主要方法，要么导致小而密集的问题，要么导致大而稀疏的问题。由于模型评估和模拟中非线性导致的数值稳健性，对高度非线性的应用来说，第二种方法会更有前途。对抓手的非线性最优控制问题的求解，可以得到最优轨迹以及相应的最优控制，在此过程中，最优控制算法必须能实时地调整对抓手的控制，以适应各类自然干扰。执行此任务需要对所有系统状态进行稳健且准确的测量。

处理海量数据：分布式传感器处理

  如之前的章节所述，分布式处理可以防止网络拥塞和集中处理的单点故障问题，是处理海量数据的一种稳健有效的方法。类似地，传感器网络上的分布式信号处理也有利于需要水下自适应控制的水下抓取系统。在机器人抓手上部署多个不同的传感器以获取相关数据，例如位置、速度、角度、压力、温度等。由于传感器型号类别和感知能力不同，系统中单个传感器无法访问所有观察结果，它需要通过通信消息来与相邻节点合作，以分布式方式获得全局解决方案。因此，也可以将该任务称为分布式传感器融合。

实现分布式解决方案的一种做法是将网络全局目标函数分解为子目标的总和，通常具有附加约束，以确保每个代理（agent）获得的局部解决方案收敛到全网通用的解决方案。该做法有一类特别的算法称为基于分布式共识的算法[13-15]。例如在文献[16]中可找到的基于共识的最小二乘优化。传感器网络上分布式处理还有一些其他的方法，比如基于增量的[17]、基于扩散（diffusion）的[18]、基于随机闲聊（gossip）的[19]，以及基于图的[20]方法，可以在面临不同实际需求的应用中进一步研究和区分这些方法的特点。

在控制系统中，传感数据可能以某种数学方式与整个系统的状态相关。在某些情况下，该状态是一个隐藏变量，只有关于动态过程的知识和相应的观察是可用的。对于这样的情况，可以应用基于模型的状态估计方法，例如卡尔曼滤波器。与此类应用相适应，在传感器网络上分布式状态估计算法（如文献[21]中的研究）的鲁棒设计可以作为一项研究任务，参考上述分布式处理策略进行深入的研究。

结　　论

在过去的几年里，机器人系统在各个学科中都表现出了令人印象深刻的能力。但是，这些技能大多数都是孤立呈现的，并且它们的处理能力或传感器数据很有限，无法将这些技能结合起来形成一个通用的解决方案。若要将这些功能应用到现实世界中，任务分配的稳健性和可靠性以及高效操作是能被大家接受的关键。

在作者看来，只有解决了在整合感知、处理和反应能力时碰到的挑战，这个目标才能实现。因此，本文为机器人提出了一种高度分布式的感应和计算的架构，根据其测量原理，通过多模态传感模式应对传感器反馈中的不确定性。通过分布式处理任务的并行化以及基于非线性解决方案的控制输出的计算，实现很短的反应时间，从而可以执行高级操作和探索任务。作者正在通过结合本文中介绍的各领域专业知识实现稳健的触觉探索来验证上述设想。

作者相信，如果这项任务取得成功，那么在人类可以接受机器人作为一起工作的伙伴时，这样一个高度集成的机器人末端执行器也必将为人们在陆地上实现强大且高反应性的机器人系统铺平道路。

参　考　文　献

[1] Lane D M, Davies J B C, Casalino G, Bartolini G, Cannata G, Veruggio G ... others (1997) AMADEUS: advanced manipulation for deep underwater sampling. Robot Autom Mag IEEE 4(4):34-45. Retrieved from http://ieeexplore.ieee.org/xpls/abs_all.jsp?arnumber=637804

[2] Meng Q, Wang H, Li P, Wang L, He Z (2006) Dexterous Underwater Robot Hand: HEU Hand II. In: 2006 International Conference on Mechatronics and Automation, pp 1477-1482. IEEE. http://doi.org/10.1109/ICMA.2006.257847

[3] Bemfica J R, Melchiorri C, Moriello L, Palli G, Scarcia U (2014) A three-fingered cable-driven gripper for underwater applications. IEEE Int Conf Robot Autom (ICRA) 2014:2469-2474. https://doi.org/10.1109/ICRA.2014.6907203

[4] Kampmann P, Kirchner F (2014) Towards a fine manipulation system with tactile feedback for deep-sea environments. Robot Auton Syst. Retrieved from http://www.sciencedirect.com/science/article/pii/ S0921889014002188

[5] Kampmann P (2016) Development of a multi-modal tactile force sensing system for deep-sea applications, PhD thesis. University of Bremen. Retrieved from https://elib.suub.uni-bremen.de/peid=D00105232

[6] Kampmann P, Lemburg J, Hanff H, Kirchner F (2012) Hybrid pressure-tolerant electronics. In: Proceedings of the Oceans 2012 MTS/IEEE hampton roads conference & exhibition. OCEANS MTS/IEEE Conference (OCEANS-2012), October 14-19, Hampton Roads, Virginia, USA, pp 1-5. Retrieved from http://ieeexplore.ieee.org/xpls/abs_all.jsp?arnumber=6404828

[7] Büskens C, Wassel D (2012) The ESA NLP Solver WORHP. In: Modeling and optimization in space engineering, pp 85-110

[8] Coulouris G F, Dollimore J, Kindberg T, Blair G (2011). Distributed systems concepts and design (5th ed.). Boston: Addison-Wesley

[9] Kshemkalyani A D, Singhal M (2011) Distributed computing: principles, algorithms, and systems. Cambridge University Press

[10] Aggarwal A, Kampmann P, Lemburg J, Kirchner F (2015) Haptic object recognition in underwater and deep-sea environments. J Field Robot 32(1): 167-185

[11] Lederman S J, Browse R A (1988) The physiology and psychophysics of touch. NATO ASI Series, F43(Sensors and Sensory Systems for Advanced Robots), 71-91. Retrieved from http://psycserver.psyc.queensu.ca/lederman/054.pdf

[12] Knauer M, Büskens C (2012) From WORHP to TransWORHP. In: Proceedings of the 5th international conference on astrodynamics tools and techniques

[13] Nocedal J, Wright S J (2006) Numcerical optimization. Springer, New York. Retrieved from https://www.springer.com/us/book/9780387303031

[14] Schizas I D, Giannakis G B, Roumeliotis S I, Ribeiro A (2008) Consensus in ad hoc WSNs with noisy links—Part II: distributed estimation and smoothing of random signals. IEEE Trans Signal Process 56(4):1650-1666

[15] Pereira S S (2012) Distributed consensus algorithms for wireless sensor networks. Universitat Politecnica de Catalunya, Barcelona, Spain

[16] Paul H, Fliege J, Dekorsy A (2013) In-network-processing: distributed consensus-based linear estimation. IEEE Commun Lett 17(1):59-62

[17] Lopes C G, Sayed A H (2007) Incremental adaptive strategies over distributed networks. IEEE Trans Signal Process 55(8):4064-4077

[18] Chen J, Sayed A H (2012) Diffusion adaptation strategies for distributed optimization and learning over networks. IEEE Trans Signal Process 60(8):4289-4305

[19] Dimakis A G, Kar S, Moura J M F, Rabbat M G, Scaglione A (2010) Gossip algorithms for distributed signal processing. Proc IEEE 98(11):1847-1864

[20] Cetin M, Chen L, Fisher J W, Ihler A T, Moses R L, Wainwright M J, Willsky A S (2006) Distributed fusion in sensor networks. IEEE Signal Process Mag 23(4):42-55

[21] Wang S, Paul H, Dekorsy A (2018) Distributed optimal consensus-based Kalman filtering and its relation to MAP estimation. In: IEEE international conference on acoustics, speech and signal processing (ICASSP)

水下视觉导航和 SLAM 的挑战

凯文·克泽，乌多·弗雷泽

Kevin Köser and Udo Frese

摘要 本文讨论了给定地图和无给定地图的自主水下航行器（AUV）的视觉导航，后者被称为同步定位和地图构建（simultaneous localization and mapping, SLAM）。本文总结了水下环境下视觉导航的挑战和机遇，这也是与陆上视觉导航的不同之处，并纵览了该领域当前的最新技术。然后作为一份行动报告，本文讨论了为什么可以通过对 SLAM 表现中的不确定性进行适当的建模来应对大部分挑战。特别是，这将使得 SLAM 算法可以彻底处理"再次看到相同的特征""看到一个不同但看起来相似的特征""环境变了同时特征也改变了"之间含糊不清的情况。

引 言

水下操作由潜水员（在浅水区）或是遥控的机器来执行，这需要熟练的专家，而且通常会在长时间的任务期间困住全体人员或整艘船，从而会减少那些需要重复监测、重复干预的任务或到远海地点的任务，也会让大规模并行的勘探或地图构建变得困难。AUV 可以解决这些问题，因为它们无须人工干预即可运行。不过它们需要可靠的自动定位和导航，这在水下具有挑战性。虽然陆地上支持机器视觉的自动驾驶汽车正变得越来越成熟，但这些知识还没有转移到海洋中的机器人身上。到目前为止，水下 AUV（图 1）并没有像陆地上的自动驾驶车辆那样使用

K. Köser（通信作者）

GEOMAR Helmholtz Centre for Ocean Research Kiel, Wischhofstr. 1-3, 24148 Kiel, Germany（基尔亥姆霍兹海洋研究中心，维施霍夫街 1-3，基尔，德国，24148）

e-mail: kkoeser@geomar.de

U. Frese（通信作者）

University of Bremen, Enrique-Schmidt-Str. 5, 28359 Bremen, Germany（不来梅大学，恩里克-施密特特街 5 号，不来梅，德国，28359）

e-mail: ufrese@informatik.uni-bremen.de

© Springer Nature Switzerland AG 2020

F. Kirchner et al. (eds.), *AI Technology for Underwater Robots*,

Intelligent Systems, Control and Automation: Science and Engineering (ISCA, volume 96),

https://doi.org/10.1007/978-3-030-30683-0_11

视觉信息进行定位。本文讨论了水下视觉的主要挑战和特点、定位和 SLAM，并给出实现更好水下导航的进一步设想。

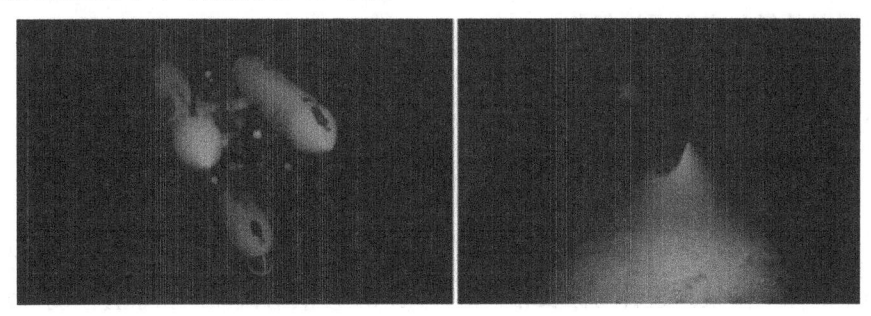

图 1　GEOMAR 的 AUV Anton 在挪威 Tisler（蒂斯勒）暗礁的 100m 水深下作业
（编辑注：扫封底二维码查看彩图）

由于能见度差且照明能量有限，AUV 必须靠近海底地面，才能直观地绘制海底地图（右图）
照片：JAGO-Team GEOMAR

水下定位概述

由于缺少水下 GPS，在海洋中定位比在陆地上更具有挑战性。获取水下设备位置的常用方法是基于声学脉冲，例如超短基线定位（ultra-short-baseline localization, USBL）或长基线定位（long-baseline localization, LBL）[1]。USBL 设备（如安装在水面船只上）使用四个彼此相距很短的水听器测量水下机器人发出的声学信号的时间差异。在给定水中声速的情况下，可以利用船舶的 GPS 位置和方向对机器人的相对位置进行三角测量并将其转换为绝对坐标。LBL 基于相同的原理，但使用安装在明显不同位置的多个转发器来对机器人进行三角测量。USBL 和 LBL 都受到多径传播、回声、水层折射、复杂地形中的视距杂波（line-of-sight cluttering）以及噪声和混响的影响。根据具体情况，这会导致位置估计出现高方差及或多或少的异常值，无论如何，USBL 比 LBL 更受关注。

靠近水底地面的水下机器人通常还采用多普勒测速仪（DVL），通过感知由水底反射回来的发射信号的多普勒频移，以获得速度的估计值。当没有感测到直接位置的变更时，该速度估计值的信息可以与之前提到的定位估计进行融合，或用于航位推算。由于 AUV 外壳承压、推进器、功率的要求和成本随着潜水深度而快速增加，一些价格比较贵的工业和科研 AUV 通常还配备高性能加速度计、惯性传感器或陀螺仪，这些设备可间接地提供高质量的定向信息。文献[2]中讨论了可用于定位的传感器的更多细节，而文献[3]给出了水下导航的概述。总体而言，可以获得相当可靠的水下的相对位置和方位，但绝对位置的获取仍然是一个具有挑战性的话题，尤其是在更深的水域。这使得那些需要返回先前访问过的地点的监测任务变得复杂，也让那些没有特别配备转发器并针对 LBL 使用进行精确校准的位置服务任务变得更为复杂。

视觉定位可能会对解决上述问题有所帮助，不过水下计算机视觉也存在一些局限性，将会在下一节介绍。

水下视觉的挑战和现状

由于光线在水中传播时会被吸收和散射，在水下拍摄照片时，不同的自然现象会影响图像效果。这种与波长相关的衰减以及漫散射或漂浮粒子会削弱通常的计算机视觉技术的水平，并将有效能见度限制在几米以内。当从不同的角度拍摄某个场景点时，照片会根据距离的不同呈现不同的颜色和亮度。这些影响的示例可以在图 2 中看到。当光源安装在机器人上时，这些问题变得更加严重，因为当机器人在移动时，光照会一直变化。

图 2 用以说明水下计算机视觉所面临挑战的示例图像：（a）几乎完全绿色的波罗的海图像，显示出强烈的散射和有限的能见度；（b）在 10m 水深下的 RGB 棋盘，其中红色方块看起来几乎是黑色的，阳光中的红色部分在穿过水体的过程中大部分被吸收了；（c）显示使用闪光灯时海底不均匀照明的图像；（d）前景中的漂浮粒子模糊了海底影像

（编辑注：扫封底二维码查看彩图）

Mobley[4]对粒子水平上的水下光的物理传播以及光学参数对于水体不同组分（盐度、压力、粒子等）的依赖性进行了非常好的概述。McGlamery[5]和 Jaffe[6]在衰减和散射方面提出了易于处理的水下光传播成像模型。

除了这些影响像素颜色的光度效应之外，相机周围用于防水和抗压的外壳也会对成像过程产生几何效应。当相机在抗压外壳的厚玻璃窗后面保持干燥时，光线从水体中穿过进入相机时会在水-玻璃界面产生折射，当进入外壳内部时又在玻璃-空气界面折射。尤其是对深海的外壳来说，它的玻璃可能有几厘米厚，具有相比空气或水来说大很多的光密度（如蓝宝石）。光的折射遵循斯涅尔定律（Snell's law），取决于入射角和材料的折射率，相应地使成像模型变得非常复杂。早期的 3D 光学水下测量的方法认为，大部分折射可以通过 2D 径向失真[7]来补偿，这是对某些场景的实际近似[8]，但一般而言，折射效应取决于距离[9]。Treibitz 等[10]证明了针孔模型对扁平口的无效性，Agrawal 等[11]的研究表明这种系统实际上是轴向的相机（如非单视点），Jordt 等[12]在水下运动结构重构（structure-from-motion）中使用了受物理学的折射模型启发而构建的模型。

Aguirre 等[13]的工作是使用图像进行视觉水下导航/再导航的早期成果。早期的视觉地图构建方法由 Vincent 等[14]和 Pizarro 等[15]提出。Singh 等[16]提出了如何改善水下成像情况。许多工作采用水下记录的图像数据集来改进 3D 重构和地图构建[17-22]。近年来，还有系统考虑对水下光传播问题采用自然逼近的后处理[23]，并演示了只依靠水下记录的视觉数据集进行的位置识别[24]或用于 3D 水下点云配准的位置识别[25]。

与陆地上机器人任务中大量使用实时视觉 SLAM 相比，几乎很少有人意识到该技术实际上也可用于操纵海洋中的机器人。DEPTHX 项目中有一项了不起的工作[26]，它使用基于声呐的 SLAM 自主探索了 Zacatón Cenote（译者注：位于墨西哥中部的全球最深矿井），这项工作不涉及计算机视觉，但总的来说这是一个例外。对此类现象一种可能的解释是，如果定位不正确或是对位置不确定性的自我评估不正确的话，在海洋中丢失机器人的风险太高了。

这种关键的自我评估和实际检测故障（参见文献[27]中的例子）是一个具有挑战性的话题。与有时过于自信地对实际估计的优化相比，自我评估和实际检测故障受到的关注要少得多。从 DEPTHX 项目中复杂的备份策略系统（文献[26]的 4.1 节）来看，自我评估和实际检测故障对于实际任务很重要。Milford 等[28]以及 Pfingsthorn 等[29]也提出了有关处理不确定性的其他有趣想法，将在下一节有关 SLAM 的概念中讨论。

SLAM 的一般现象及其与水下领域的关系

在这里，本文将回顾最重要的 SLAM 现象，这些现象源于观测的相对性，尤其是误差累积、所谓的"位置的不确定性和相对关系的确定性"、回环闭合[30]，以及它们对水下 SLAM 的特殊含义。

误差累积

在图 3 的示例中，机器人在环境中来回行走 [图 3 (a)]。在行进中，它基本上通过建立观察到的局地特征与里程计之间的空间关系来创建地图。这会导致误差累积，因为这一关联上的每一次链接都会增加误差 [图 3 (b)]。在陆地室外地形 SLAM 中，GPS 可以解决这个误差累积问题。与陆地的绝对信息相比，水下主要依赖声学系统的水下测程法（如多普勒测速仪和陀螺仪），只能提供相对的精度，不仅信息很难获得而且可能不精确。因此，误差累积现象在水下 SLAM 中是非常重要的。值得注意的是，垂直方向上是例外，通过测量水压可以获得绝对深度，并且可以从重力观察中获得绝对高程。

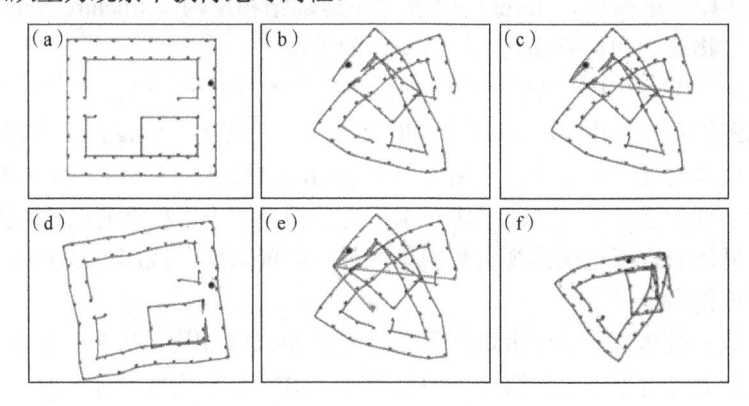

图 3　关于误差累积、回环闭合和不确定的数据关联的 SLAM 一般现象
（编辑注：扫封底二维码查看彩图）

该插图改编自文献[30]，虽然只显示了一个室内示例，但这些现象是普遍存在的，并且在水下 SLAM 中具有特殊含义。可以在 http://www.informatik.uni-bremen.de/agebv/en/SlamDiscussion 找到动画（有文字解释说明），它显示了回环闭合之前和之后的不确定性结构

位置的不确定性和相对关系的确定性

预估的地图 [图 3 (b)] 显示了误差累积导致的另一种现象：局部区域通常被精确地绘制，因为其不确定性仅受该区域内观测结果的影响，而其全局位置（和方向）则受累积误差的影响，且不确定性更大。文献[8]中首先提出"位置的不确定性和相对关系的确定性"，它要求 SLAM 算法不只是用绝对数来表示不确定性，还要用一些可以表示特征之间相互关系的事物来表示，例如协方差矩阵、关系图或局部子图。

Kümmerle 等[31]在论文 "on measuring the accuracy of SLAM algorithms"（《关于测量 SLAM 算法的准确性》）中也采纳了上述观点，并提出 SLAM 中的评估不应该基于绝对位置或姿态，而是基于姿态间的关系，而姿态间的关系要与可以提供地面真值的数据集的应用相关。需要强调的是，给地面真值标注上具有某些关系或者标注上不具有某些关系，这样数据集就被定义了优先级。例如，与起始姿态有关的地面真值及关系的数据集有利于减少误差累积，与闭环相关的数据集有利于闭环的检测与处理，而关于中等距离间的姿态的数据集则有利于提高局部地图的准确性。

举例来说，可以想象一下 AUV 维护一些水下设施。最终它需要以厘米级精度来相对于要维护的设施进行定位。它不会也不需要以相同的精度知道这些设施在地球上的位置。

然而，在到达需要维护的水下设施的位置时，它将从地面上一个精确已知的 GPS 位置出发，且只是大致已知这个出发的位置与设施之间的相对关系。然后，它将在行程中相对于不同的特征进行定位，这样绝对位置会变得更差，但相对于设施的定位会更好。这个例子表明在 SLAM 中"关系的确定性"的表达很重要。

回环闭合

在图 3 中，当机器人返回其初始的位置，观察一个特征并将其再次识别为之前观察到的相同特征［图 3（c）］。由于累积误差，这与当前地图估计并不一致，需要被校正［图 3（d）］。这个校正不需要被显式编程，但可以通过对观测值及其不确定性的正确处理（如使用再次观察到特征的信息进行最小二乘估计）自动进行。

回环闭合让地图构建得到大幅改进［图 3（d）］。如果一个特征很长时间没有被观察到，那么这种改进往往会非常明显。举例来说，这就是为什么经常使用的割草机图案有重叠的条纹，因为相邻条纹之间的环路是闭合的。

位置：对各种形式的不确定性进行模拟

回环闭合与否取决于正确的重新识别，而这一点在水下 SLAM 中特别困难，因为环境经常是重复的，存在着并不可靠的特征，例如移动的植物或鱼类。光照条件也会阻碍特征匹配。或者相较于之前的地图，环境可能已经发生了变化。

许多 SLAM 算法中，错误的数据关联会完全破坏地图，因为它迫使地图上的两个不同点被当成相同的点。这可以被想象成一张纸质的地图，这两个点被粘在一起。

图 3（e）展示了这种情况：观察到的特征可以是环路一开始的特征，从而可以形成图 3（d）的地图，或者另一个已知特征，这样会产生图 3（f）中的地图，抑或者是一个全新特征，环路不闭合［图 3（e）］。

面对这一挑战，本文提议要对数据关联中的不确定性，或者说概率，进行模

| 水下机器人的人工智能技术 |

拟,这样一来,它永远不会被最终确定,但可以在出现相反证据时进行修改。

如果假设数据关联是随机的,且上述提到三种可能情形中的每一种都具有一定的概率,那么结果是一个混合分布,每个数据关联选项分布为一个混合分量[29]。这种分布是一种有趣且难以处理的离散(数据关联)和连续(噪声)不确定性的组合。

在实践中,甚至出现了另一种解释:环境可能已经改变并且特征移动了。虽然这种可能性是普遍的,但可能的(或不可能的)环境变化的具体形式非常依赖环境。在室内环境[28]中,大多数变化源于移动的物体,即家具或人。而水下的环境变化可能更为微妙和持续,例如流沙。对海洋科学任务来说,这种环境变化也可能具有特殊的科学意义,因此它们对模拟和区分纯粹的误差累积来说非常重要。

想要一个 SLAM 算法来决定(但不是最终确定)某事物是已知特征、新特征还是环境变化,如图 4 所示,这不仅需要处理各种概率的分布、它们的可能性、由此产生的地图及其不确定性,还需要一个可靠的模型来确定哪种变化很可能发生或较少可能发生。

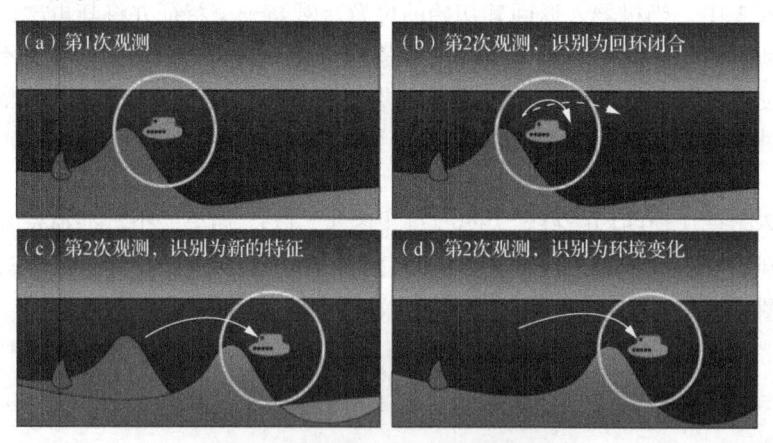

图 4 对观测的不同解释的说明
(编辑注:扫封底二维码查看彩图)

图(a)中 AUV 先观察到一些局部特征(白色圆圈),然后它进行了一个较长的旅程,误差累积并观察到类似的特征[图(b)~(d)]。它们有三种不同的解释:图(b)是之前看到的相同特征,图(c)是一个新的相似特征,图(d)是由于环境变化而移动的特征。这种离散的不确定性导致后验图的多模态分布

位置:提高可靠性的另一种评估方案

当必须对不确定性进行模拟时,还存在着另一个重要挑战,即可靠性的挑战。在本文"水下视觉的挑战和现状"一节中所介绍的 SLAM 系统都是基于已记录的数据集来运行的,其中只有一个通过视觉 SLAM 实际控制 AUV 的任务,还是在

受控测试环境或类似 SAUC-E（http://sauc-europe.org/）这样的比赛中。

视觉 SLAM 是一种脆弱的技术，上述许多原因都会导致它失败。使用这种技术进行控制存在着任务失败甚至丢失 AUV 的巨大风险。但另一方面，视觉导航可以支撑声学传感器存在不足的场景，例如复杂地形中的场景。

因此，SLAM 系统必须依据自身状态提供报告。虽然许多 SLAM 后端实际上也提供了不确定性信息，例如扩展卡尔曼滤波器（extended Kalman filter, EKF）的协方差矩阵，但是这些是基于许多假设做出的，诸如正确的数据关联、噪声参数的保守测量、测量之间的独立性和充分的线性化。因此，它们仅在"一切正常"时才是正确的，而在有问题的情况下则不可靠。类似文献[27]中的检测失败的例子很少见。相反，过置信的协方差边界（overconfident covariance bounds）是 SLAM 失败的一个主要原因，因为在这种情况下，正确的测量不再被 SLAM 算法接受，因为它们看起来不太可能。

此外，当前的评估方法没有解决这个问题。通常评估方法测量平均误差或最终绝对位置误差，并计算数据集的不同。它不考虑 SLAM 系统任何不确定性的输出。

本文建议 SLAM 系统应该始终对它所感知的两个环境特征之间或是机器人姿态之间的空间关系的确定性有所了解，并且它应该向上级任务规划和控制模块提供这些信息。

对评估来说，"性能分数"不应该是关系中的实际误差[31]，必须考虑系统的估计误差边界。原因是任务控制只能依靠边界而不是实际错误，因为它是未知的。当实际误差超过提供的边界时（如统计意义上的协方差信息），这应该被认为是 SLAM 系统故障，这比数据集上的分歧如何被计算要严重得多。

作者相信，这样的评估方案可以使得算法提供边界，并遵循边界，特别是即使在它们没有完全按预期运行时也会尝试提供保守的边界。

结　　论

本文讨论了水下导航的一般性问题以及视觉信息如何在水下提供帮助。即使到了今天，海洋中水下 SLAM 通常也只能在离线数据上进行操作，因此本文讨论了使海洋中的视觉比陆地上的视觉更具挑战性的主要问题。在作者看来，不确定性的处理是一个特别关键的问题。在描述了关于不确定性的 SLAM 基本原理之后，本文提出了帮助改进水下视觉 SLAM 不确定性处理的多个建议。这些建议还只是早期概念，还必须被证明。

参 考 文 献

[1] Steinke D M, Buckham B J (2005) A Kalman filter for the navigation of remotely operated vehicles. In: Proceedings of OCEANS 2005 MTS/IEEE, Vol 1, pp 581-588. https://doi.org/10. 1109/OCEANS.2005.1639817

[2] Kinsey J C, Eustice R M (2006) A survey of underwater vehicle navigation: recent advances and new challenges. In: IFAC conference of Manoeuvering and control of marine craft

[3] Leonard J J, Bahr A (2016) Autonomous underwater vehicle navigation. In: Springer handbook of ocean engineering, Chap 14, Springer pp 341-358

[4] Mobley C D (1994) Light and water: radiative transfer in natural waters. Academic Press

[5] McGlamery B L (1975) Computer analysis and simulation of underwater camera system performance. Tech rep, Visibility Laboratory, Scripps Institution of Oceanography, University of California in San Diego

[6] Jaffe J S (1990) Computer modeling and the design of optimal underwater imaging systems. IEEE J Ocean Eng 15(2):101-111. https://doi.org/10.1109/48.50695

[7] Harvey E S, Shortis M R (1998) Calibration stability of an underwater stereo-video system: implications for measurement accuracy and precision. Mar Technol Soc J 32:3-17

[8] Łuczyński T, Pfingsthorn M, Birk A (2017) The pinax-model for accurate and efficient refraction correction of underwater cameras in flat-pane housings. Ocean Eng 133:9-22. https://doi.org/10.1016/j.oceaneng.2017.01.029. http://www.sciencedirect.com/science/article/pii/S0029801817300434

[9] Kotowski R (1988) Phototriangulation in multi-media photogrammetry. In: Int'l archives of Photogrammetry and remote sensing, XXVII

[10] Treibitz T, Schechner Y, Kunz C, Singh H (2012) Flat refractive geometry. IEEE Trans Pattern Anal Mach Intell 34(1):51-65. https://doi.org/10.1109/TPAMI.2011.105

[11] Agrawal A, Ramalingam S, Taguchi Y, Chari V (2012) A theory of multi-layer flat refractive geometry. In: CVPR

[12] Jordt A, Köser K, Koch R (2016) Refractive 3D reconstruction on underwater images. Methods Oceanogr 15:90-113.https://doi.org/10.1016/j.mio.2016.03.001.http://www.sciencedirect.com/science/article/pii/S221112201 5300086. Computer Vision in Oceanography

[13] Aguirre F, Boucher J M, Jacq J J (1990) Underwater navigation by video sequence analysis. In: Proceedings of 10th international conference on pattern recognition, vol 2, pp 537-539. https://doi.org/10.1109/ICPR.1990.119424

[14] Vincent A G, Pessel N, Borgetto M, Jouffroy J, Opderbecke J, Rigaud V (2003) Real-time geo-referenced video mosaicking with the matisse system. In: Oceans 2003, Celebrating the Past...Teaming Toward the Future (IEEE Cat No.03CH37492), vol 4, pp 2319-2324. https:// doi.org/10.1109/OCEANS.2003.178271

[15] Pizarro O, Eustice R, Singh H (2004) Large area 3D reconstructions from underwater surveys. In: MTS/IEEE OCEANS conference and exhibition, pp 678-687, Citeseer

[16] Singh H, Roman C, Pizarro O, Eustice R, Can A (2007) Towards high-resolution imaging from underwater vehicles. Int J Robot Res 26(1):55-74. https://doi.org/10.1177/0278364907074473

[17] Campos R, Garcia R, Alliez P, Yvinec M (2015) A surface reconstruction method for in-detail underwater 3d optical mapping. Int J Robot Res 34(1):64-89

[18] Drap P (2012) Underwater photogrammetry for archaeology. In: Da Silva DC (ed) Special applications of photogrammetry, chap 6, IntechOpen, Rijeka . https://doi.org/10.5772/33999

[19] Johnson-Roberson M, Pizarro O, Williams S B, Mahon I (2010) Generation and visualization of large-scale three-dimensional reconstructions from underwater robotic surveys. J Field Robot 27(1):21-51

[20] Nicosevici T, Gracias N, Negahdaripour S, Garcia R (2009) Efficient three-dimensional scene modeling and mosaicing. J Field Robot 26(10):759-788. https://doi.org/10.1002/rob.20305. https://onlinelibrary.wiley.com/ doi/abs/10.1002/rob.20305

[21] Sedlazeck A, Köser K, Koch R (2009) 3D reconstruction based on underwater video from ROV kiel 6000 considering underwater imaging conditions. In: proceedings of OCEANS 2009-EUROPE, pp 1-10. https://doi.org/10.1109/OCEANSE.2009.5278305

[22] Williams S B, Pizarro O R, Jakuba M V, Johnson C R, Barrett N S, Babcock R C, Kendrick G A, Steinberg P D, Heyward A J, Doherty P J et al (2012) Monitoring of benthic reference sites: using an autonomous underwater vehicle. IEEE Robot Autom Mag 19(1): 73-84

[23] Bryson M, Johnson-Roberson M, Pizarro O, Williams S B (2016) True color correction of autonomous underwater vehicle imagery. J Field Robot 33(6):853-874

[24] Li J, Eustice R M, Johnson-Roberson M (2015) Underwater robot visual place recognition in the presence of dramatic appearance change. In: OCEANS 2015—MTS/IEEE Washington, pp 1-6 https://doi.org/10.23919/OCEANS.2015.7404369

[25] Pfingsthorn M, Birk A, Bülow H (2012) Uncertainty estimation for a 6-DoF spectral registration method as basis for sonar-based underwater 3D SLAM. In: IEEE international conference on robotics and automation (ICRA) pp 3049-3054

[26] Fairfield N, Kantor G, Jonak D, Wettergreen D (2008) DEPTHX autonomy software: design and field results. Tech Rep CMU-RI-TR-08-09, Carnegie Mellon University

[27] Alsayed Z, Bresson G, Verroust-Blondet A, Nashashibi F (2017) Failure detection for laser-based SLAM in urban and peri-urban environments. In: 20th international conference on intelligent transportation systems (ITSC), pp 1-7

[28] Milford M, Wyeth G (2010) Persistent navigation and mapping using a biologically inspired SLAM system. Int J Robot Res 29(9):1131-1153. https://doi.org/10.1177/0278364909340592

[29] Pfingsthorn M, Birk A (2016) Generalized graph SLAM: solving local and global ambiguities through multimodal and hyperedge constraints. Int J Robot Res 35(6):601-630

[30] Frese U (2006) A discussion of simultaneous localization and mapping. Auton Robot 20(1): 25-42. (22 citations)

[31] Kümmerle R, Steder B, Dornhege C, Ruhnke M, Grisetti G, Stachniss C, Kleiner A (2009) On measuring the accuracy of SLAM algorithms. Auton Robot 27(4): 387-407

用于环境地图构建和航行器导航的水下多模感知

彼得·坎普曼，拉尔夫·巴赫迈尔，丹尼尔·比舍尔，沃尔弗拉姆·布加德
Peter Kampmann, Ralf Bachmayer, Daniel Büscher and Wolfram Burgard

摘要 关于环境的先验信息稀少且不断变化的周遭环境条件使得感知复杂化，水下自主导航需要强大的感知能力以及先进的信号处理策略。感知和数据处理的多模态被认为是增强自主水下机器人决策稳健性的一种方法。本文总结了感知技术的当前发展，并提出新的有关使用机器学习方法进行感知和信号处理的研究问题。

动 机

自主系统的许多能力是从传感器输入中获得的，这使它们能够评估当前的环境状况以及自身的内部状态。如果没有适当和可靠的输入，基于传感器信息的决

P. Kampmann（通信作者）

DFKI GmbH, Robotics Innovation Center, University of Bremen, Bremen, Germany（德国人工智能研究中心机器人创新中心，不来梅大学，不来梅，德国）

e-mail: peter.kampmann@dfki.de

R. Bachmayer

University of Bremen, MARUM—Center for Marine Environmental Sciences, Bremen, Germany（MARUM 海洋环境科学中心，不来梅大学，不来梅，德国）

e-mail: rbachmayer@marum.de

D. Büscher

Technical Faculty, Autonomous Intelligent Systems, Albert-Ludwigs-University of Freiburg, Freiburg, Germany（阿尔伯特-路德维希-弗赖堡大学自主智能系统技术学院，弗赖堡，德国）

e-mail: buescher@informatik.uni-freiburg.de

W. Burgard

Computer Science, Albert-Ludwigs-Universität Freiburg, Freiburg, Germany（阿尔伯特-路德维希-弗赖堡大学计算机科学系，弗赖堡，德国）

e-mail: burgard@informatik.uni-freiburg.de

© Springer Nature Switzerland AG 2020

F. Kirchner et al. (eds.), *AI Technology for Underwater Robots*,

Intelligent Systems, Control and Automation: Science and Engineering (ISCA, volume 96),

https://doi.org/10.1007/978-3-030-30683-0_12

策可能会导致自主系统做出致命的错误决定。这个观察结论适用于任何机器人系统，不管是自动驾驶汽车、仿真机器人或是水下机器人。由于环境影响的重要性，人们需要对传感器进行仔细的遴选以确保系统在预期的环境条件下可靠运行。光学传感器，包括相机和激光雷达，是自主系统中最常用的传感器。它们相对易于使用、成本低且应用范围广泛，可以在人工和自然照明条件下灵活使用，这使它们成为大多数地面和空中机器人系统的核心。水下领域对光学系统来说是一个特殊的挑战，因为水体中电磁波谱可见光部分的高吸收率和混浊的存在限制了它们的使用。

虽然光学传感器（如相机）的一些限制可以被评估和斟酌，但某些限制（如高浊度）却很难克服，有时甚至无法通过光学系统来克服。为了提高感知的可靠性，需要集成更多的感知模式（如声学），并且需要协调它们的输出。这种方法可以根据影响传感器测量原理的环境条件来确定传感器当前工作是否正常，从而进一步提高测量质量。

这种将不同测量原理结合起来评估环境特性或自主系统内部状态的理念被称为多模态感知。随着更多要求 AUV 在受限环境中具有导航以及交互能力的新应用的出现，多模态感知在这一领域变得越来越重要。以下部分介绍了水下机器人地图构建和安全导航对水下环境中多模态感知的要求。

自主水下系统的发展方向

自主水下机器人的主要应用场景之一是绘制海底或水体地图[1]，输出的数据用于研究海洋、安装水下生产设施或执行搜救任务。在这些勘测作业期间，航行器在距海底的安全距离内运行以避免碰到任何障碍物导致偏离预编程路径。用于导航的传感器有惯性传感器，如光纤陀螺仪（fiber optic gyroscope, FOG）、多普勒测速仪（DVL），用于测量在地面上或水体中的速度，用一组声学换能器来进行定位（LBS 或 USBL）。

靠近海底的受限环境中的操作仍然主要由遥控潜水器（ROV）来执行，操作员从海平面的补给船上控制这些遥控潜水器，驾驶潜水器并执行操控任务。

成本降低和技术进步推动了 AUV 的水下常驻概念的发展。这一新概念要求自主水下机器人的操作区域附近设有水下坞站，系统可以在那里交换数据和补给，因此不再需要有船舶经常停靠在作业区，从而降低了成本，但增加了操作强度。

拟由此类水下常驻自主机器人执行的任务是在水下生产设施内运行，以测量锚链的状态、阴极保护装置的状态，或与安装在不动产结构体上的控制面板进行交互，以控制阀门、泵和海底或附近的其他装置。

水下常驻航行器的环境条件

水下常驻操作与有船支持的操作之间的本质区别在于前者要求进入或连接到坞站。由于接驳还可以为水下航行器充电，因此该过程对于航行器的安全运行至关重要。目前有几项研究活动正朝着水下常驻 AUV 的方向发展[2-4]。大多数开发的 AUV 采用相机与视觉标记（图1）或人造光源相结合[5]，或是相机与 USBL 相结合进行接驳。

根据运行区域的位置，必须考虑不断变化的洋流[6]或有限的能见度，这需要高机动性以及强健的感知能力去检测坞站接驳的接口。由于能见度可能会发生变化，更多的感知模式对于这项任务至关重要。图1和图2显示了实验室条件下AUV的接驳过程。

图1 实验室环境中对接时的水下常驻 AUV "比目鱼"
（编辑注：扫封底二维码查看彩图）

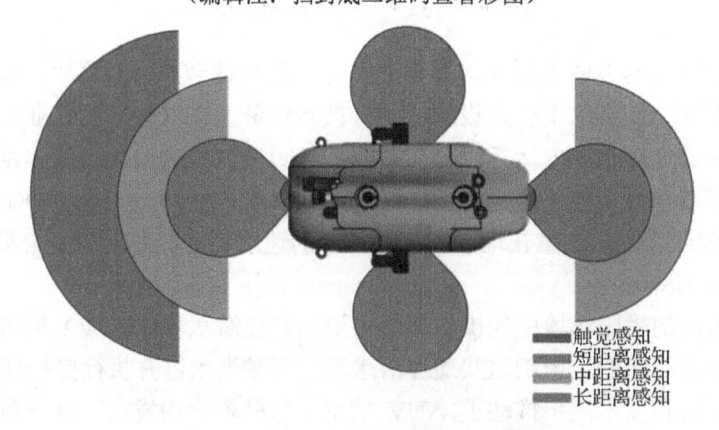

图2 长期自主任务的多模态环境感知
（编辑注：扫封底二维码查看彩图）

传感器技术的最新进展

寻找除光学传感器之外的更多测量方法时，基于声音的传感是最常用的。声波在水中的传播速度大约是在空气中的 5 倍。根据频率的不同，声波可用于短距离测量（>1MHz）以及覆盖海洋盆地的超长距离测量（<300Hz）。遗憾的是，与视觉一样，杂波[7]等环境条件或水体中水特性的变化会影响传感器性能。

相应地，在短距离和理想条件下的中距离传感方面，类似磁敏式、电感式和电容式等其他传感模式显示出巨大的前景。

Boyer 等[8]提出一种在 AUV 上安装无源电感应元件与结构体上装有源电子标签相结合的方法，用于短距离导航。文献作者提出了一种坞站的概念，通过使用绝缘壁朝向位于接驳连接器的单个发射极，形成电场。配备无源感应电极的 AUV 会被控制并跟随发射电场的磁力线。对非均匀悬浮物环境的模拟表明，对基于这种传感方式的接驳来说，所应用的控制规律仍然有效。在试验水池中使用小型 AUV 系统对所提出的解决方案进行了评估。这种方法的缺点是对接驳区域附近自行发射电场的结构体敏感，水体中不均匀的颗粒浓度会影响测量。文献没有提供关于该解决方案使用范围以及定位精度的数据。

Xiang 等[9]提出了一套安装于 AUV 上可用于跟踪海底电缆的磁场传感器装置，这一装置将两个三轴无源磁力计安装在 AUV 上。要实现跟踪电缆，这个装置需要所需跟踪的电缆生成低频电流信号。

Zhou 等[10]的研究工作展示了机械式扫描声呐在绘制大西洋冰山底部地图时的应用。Schofield 等[11]使用 Slocum 滑翔机，给它配备了合适的声呐，在模拟环境和纽芬兰附近的现场实验中评估了他们的地图构建方法；从 40m 距离处监测水下冰山，获得的数据用于轮廓跟随（profile-following）控制器的输入，该控制器能够让航行器安全地绕过被监测的冰山而不会发生碰撞。

Kragh 等[12]提出了一种有趣的方法，通过传感器的数据融合提高环境感知的质量。文献作者将语义分割应用于摄像头和激光雷达等感知模式上以检测农业应用场景中的障碍物。他们的方法包含了空间的、多模态的和时序的链接，使用此方法让他们提高了自动化地面车辆的分类能力以及可通行性。

除了传感器技术本身和在线传感器融合能力外，海洋中水下机器人提供的稀疏信息是机器学习算法应用的至关重要的条件。对算法的研究来说，合乎逻辑的研究方向就是探索利用传感器数据中的稀疏信息来产生特定情况下的预期或使其与迁移学习和泛化方法一起工作。

Rao 等[13]提出了一种机器学习算法架构，用以生成来自 AUV 的摄像头数据与基于声学数据的遥感测深信息之间的关系。一个初始算法针对每个模式独立地学习特征。连续门控模型可以进一步提高分类精度，并可只基于声学信息预测视觉特征。

另一类方法关注的问题是，某些传感器在有些环境条件下（如光照、漂浮粒子）更容易出错，或者由于环境条件变化受到更多传感器噪声的影响。该问题在我们之前的研究工作[14]中也有涉及。在目标检测方面，我们提出了一种新的方法，以在线方式对不同传感器模式的预测进行加权，同时开发了一种特定的采用后期融合方案的卷积神经网络（convolutional neural network, CNN）架构，使用RGB、深度和光流数据（optical flow data）对三个不同的CNN进行目标检测任务的训练，然后将这三个专家网络提取的特征用于训练混合深度专家网络（a mixture of deep experts, MoDE）。MoDE由一个门控网络表示，学习如何根据从上层专家网络中提取的特征对专家分类器输出进行加权。结果表明，该网络可以适应光照条件的自发性变化，例如在黑暗环境中，相对于从RGB数据获得的预测，该门控网络会自动地给从深度数据获得的预测赋予更大的权重。

开发方法的展望

适用于自主机器人的传感器以及在审慎认知水平上进行在线决策的模型是未来机器人系统的关键要素。为了实现这一目标，人们需要研究各种不同的方法，以确定成功完成自主任务所需的感知模式，并能处理基于错误的传感器数据和稀疏的先验信息进行决策的不确定性。

阻碍CNN广泛使用的一个因素是，当面对新输入时深度神经网络会产生不稳定和不安全的预测（Richter and Roy, 2017）[1]。当人们努力创建安全可靠的自主代理（agent）时，一个兴趣点是网络决策的确定性。因此，以概率的方式解释深度学习框架的结果是有作用的。文献[14]中关于传感器融合的研究工作已表明可以训练神经网络根据其可靠性对多种模式进行加权，但是这种方法只产生传感器最可能的组合方式，并没有给出关于概率分布的任何指示，尤其是关于结果的不确定性。

在下一步的开发中，我们的目标是采用Gal和Ghahramani在2015年的研究[2]中介绍的方法，这个方法导出了网络在各个信息通道上的确定性的概率解释。这种考虑不确定性的神经网络被称为贝叶斯神经网络。Gal和Ghahramani展示了高斯过程中随机失活（dropout）和近似推理之间的理论关系。然而，Kendall和Cipolla在2016年的研究[3]中表明，在每个卷积层之后使用dropout层会极大地阻碍CNN的性能，因为结果的正则化太强了。根据他们的结论，在随机初始化的每一层之后添加dropout层就足够了。在测试时，通过对来自dropout网络的随机样本求平

---

[1] 译者注：原文只给出作者和年份，译者补充参考文献：Richter C, Roy N, 2017. Safe visual navigation via deep learning and novelty detection. Proceedings of Robotics Science and Systems XIII, Cambridge, MA.

[2] 译者注：译者根据作者和出版年份补充参考文献：Gal Y, Ghahramani Z, 2015. Dropout as a Bayesian approximation: Representing model uncertainty in deep learning. https://doi.org/10.48550/arXiv.1506.02142.

[3] 译者注：译者根据作者和出版年份补充参考文献：Kendall A, Cipolla R, 2016. Modelling uncertainty in deep learning for camera relocalization. 2016 IEEE International Conference on Robotics and Automation (ICRA): 4762-4769.

均进行推理。这产生了一个计算上的挑战，作者计划在这个项目中解决这个问题，例如通过仅对网络的后期层进行采样。因此，作者计划将文献[14]中提出的传感器融合框架进行扩展，不仅接收 CNN 的最终分类，还接收网络决策的确定性。

对于水下应用场景的传感器数据融合，另一个值得深入研究的方向是使用领域知识（如已知物理定律）来减少机器学习算法中标记训练的需求[15]。这种方法减少了机器学习算法的搜索空间，并有可能产生稳健的反馈。

传感器数据管理[16]主要是根据传感器对当前情况的适用性和传感器的使用成本，选择合适的感知模式作为传感器数据融合的输入。虽然这种方法主要用于不同参数的传感器，但有学者对处理多模态传感器的方法进行调查研究[17]。在许多情况下，这些知识方法被用于静态的系统。在水下机器人多模态传感器的背景下，这些知识方法为人们适应自主移动机器人提供了很好的基础。

结　　论

声学和光学传感器是 AUV 导航主要的传感器模式。随着 AUV 进入受限空间和结构，并伴随着类似水下常驻等新应用概念的出现，需要进一步的感知模态，从而实现在临界环境下可靠和安全地运行。

一些研究活动提出和讨论了前面未提到的其他测量方法。很明显，所有这些测量方法在特定的环境情况下都有缺点，因此实现具有对某些测量方法进行评估功能的多模态传感器系统更为重要。多模态设置的另一个好处是传感器信息的组合很可能会提升准确性或稳健性[18]。

处理这些方法需要良好的领域知识，并根据当前的任务情况选择合适的传感器融合方法。需要研究其他具有类似挑战的应用领域的解决方案，其中有前景的方法主要基于卷积神经网络[19]。

下一步任务是对可用的和所提出的技术进行定量评估，根据发射器和接收器的距离评估它们精确定位物体的能力。目前已有的研究工作大多展示了该技术本身的可行性，但缺乏实际距离和精度的性能指标。

还需要做很多额外的工作来对后续的测量方法进行评估，如研究光、声或电磁波的阻尼曲线。对新传感技术的适用性来说，它们的频率范围值得仔细研究。这些工作的目标是，通过对不同的感知范围及其相应感知技术的可信度评估，为可靠的长期自主水下常驻 AUV 鉴别合适的传感器设备（参见图 2）。

参　考　文　献

[1] Wynn R B, Huvenne V A I, Le Bas T P, Murton B J, Connelly D P, Bett B J, Ruhl H A, Morris K J, Peakall J, Parsons D R, Hunt J E (2014) Autonomous underwater vehicles (AUVs): their past, present and future

contributions to the advancement of marine geoscience. Mar Geol 352: 451-468. https://doi.org/10.1016/j.margeo.2014.03.012

[2] Albiez J, Joyeux S, Gaudig C, Hilljegerdes J, Kroffke S, Schoo C, Arnold S, Mimoso G, Alcantara P, Saback R, Britto J, Kirchnery F (2015) FlatFish—a compact subsea-resident inspection AUV. In: OCEANS 2015-MTS/IEEE Washington, (October), pp 1-8. https://doi.org/10.23919/ OCEANS.2015.7404442

[3] Palomeras N, Ridao P, Ribas D, Vallicrosa G (2014) Autonomous I-AUV docking for fixed-base manipulation. IFAC Proc Vol (IFAC-PapersOnline) 19:12160-12165. https://doi.org/10.3182/20140824-6-ZA-1003.01878

[4] Siesjö J (2013) Sabertooth a Seafloor Resident Hybrid AUV/ ROV System for Long Term Deployment in Deep Water and Hostile. Underw Interv Conf 1(13):1-13. http://auvac.org/uploads/publication_pdf/Sabertooth AUVUUST2013.pdf

[5] Krupiński S, Maurelli F, Grenon G, Petillot Y R(2008) Investigation of autonomous docking strategies for robotic operation on intervention panels. In: OCEANS 2008, (May 2014), 2002-2005. https://doi.org/10.1109/OCEANS. 2008. 5151995

[6] Park J Y, Jun B H, Lee P M, Oh J H, Lim Y K (2010) Underwater docking approach of an underactuated AUV in the presence of constant ocean current. IFAC Proc Vol (IFAC-PapersOnline) 43. https://doi.org/10.3182/20100915-3-DE-3008.00065

[7] Knight W C, Pridham R G, Kay S M (1981) Digital signal processing for sonar. Proc IEEE 69(11):1451-1506. https://doi.org/10.1109/PROC.1981.12186

[8] Boyer F, Lebastard V, Chevallereau C, Mintchev S, Stefanini C (2017) Underwater navigation based on passive electric sense : new perspectives for underwater docking. To cite this version: HAL Id : hal-01201695

[9] Xiang X, Yu C, Niu Z, Zhang Q (2016) Subsea cable tracking by autonomous underwater vehicle with magnetic sensing guidance. Sensors (Switzerland) 16(8):1-22. https://doi.org/10. 3390/s16081335

[10] Zhou M, Deyoung B, Bachmayer R (2016) Towards autonomous underwater iceberg profiling using a mechanical scanning sonar on a underwater slocum glider. In: AUV 2016, (November). https://doi.org/10.1109/AUV.2016.7778656

[11] Schofield O, Kohut J, Aragon D, Creed L, Graver J, Haldeman C, Kerfoot J, Roarty H, Jones C, Webb D, Glenn S (2007) Slocum gliders: robust and ready. J Field Robot 24(6):473-485.https://doi.org/10.1002/rob.20200

[12] Kragh M, Underwood J (2019) Multimodal obstacle detection in unstructured environments with conditional random fields. J Field Robot (August 2018). https://doi.org/10.1002/rob.21866

[13] Rao D, De Deuge M, Vatani N N, Williams S B, Pizarro O (2017) Multimodal learning and inference from visual and remotely sensed data. Int J Robot Res 36(1):24-43. https://doi.org/10.1177/0278364916679892

[14] Mees O, Eitel A, Burgard W (2016) Choosing smartly: adaptive multimodal fusion for object detection in changing environments. In 2016 IEEE/RSJ International Conference on Intelligent Robots and Systems (IROS), Daejeon, (October), pp 151-156. https://doi.org/10.1109/IROS. 2016.7759048

[15] Stewart R, Ermon S (2016) Label-free supervision of neural networks with physics and domain knowledge, vol 1(1)

[16] Hero A O, Cochran D (2011) Sensor management: past, present, and future. IEEE Sens J 11(12): 3064-3075. https://doi.org/10.1109/JSEN.2011.2167964

[17] Kolba M P, Collins L M (2006) Information-theoretic sensor management for multimodal sensing. Int Geosci Remote Sens Symp (IGARSS) 90291(1):3935-3938. https://doi.org/10.1109/IGARSS.2006.1009

[18] Kampmann P (2016) Development of a multi-modal tactile force sensing system for deep-sea applications (University of Bremen). https://elib.suub.uni-bremen.de/peid=D00105232

[19] Jing L, Wang T, Zhao M, Wang P (2017) An adaptive multi-sensor data fusion method based on deep convolutional neural networks for fault diagnosis of planetary gearbox. Sensors 17(2), Switzerland. https://doi.org/10.3390/s17020414

水下干预分析与训练仿真框架的研究

马蒂亚斯·特施纳，加布里尔·扎克曼
Matthias Teschner and Gabriel Zachmann

摘要 本文讨论了计算流体力学（CFD）在水下机器人领域的潜在应用。虽然 CFD 是一个跨学科的研究领域，但本文专门讨论计算机科学（computer science, CS）研究在 CFD 中的作用。本文讨论了作者领导的 CS 研究小组的典型贡献；然后简要说明了以往研究的工业适用性；最后，概述了水下干预分析和训练仿真框架面临的挑战和待解决的研究问题。本文概述了 CFD 仿真在水下机器人领域的潜在应用场景。

计算流体力学的作用

CFD 被广泛用于支持和加速飞机或汽车等系统的开发过程。一个关键的应用是在早期开发阶段减少系统的设计空间，从而减少对耗时且昂贵的实验的需求。在随后的开发阶段，CFD 被用作补充工具。当为优化设计参数而进行实际实验时，CFD 被用来评估参数设置，尤其是那些对真实实验而言过于复杂或太过危险的参数设置。最后在开发后期，CFD 有助于评估增量变化对已有系统的影响（参见文献[1]中的例子）。

计算流体力学的计算机科学研究

CFD 是一个跨学科的研究领域，融合了流体力学、数值分析和计算机科学的

M. Teschner（通信作者）
Computer Science Department, University of Freiburg, Breisgau, Germany （弗赖堡大学计算机科学系，布赖斯高，德国）
e-mail: teschner@informatik.uni-freiburg.de

G. Zachmann
Computer Science Department, University of Bremen, Bremen, Germany （不来梅大学计算机科学系，不来梅，德国）
e-mail: zach@informatik.uni-bremen.de

© Springer Nature Switzerland AG 2020
F. Kirchner et al. (eds.), *AI Technology for Underwater Robots*,
Intelligent Systems, Control and Automation: Science and Engineering (ISCA, volume 96),
https://doi.org/10.1007/978-3-030-30683-0_13

贡献。最显著的是，CS 研究有助于各种计算体系结构的数值方案的高性能实现。这主要包括针对具有 SMP（对称式多处理机）/MPI（消息传递接口）/GPU（图形处理单元）架构的硬件环境的并行化、向量化和负载均衡。其他的贡献是软件工程、代码验证、预处理和后处理，特别是几何复杂边界的网格划分以及大规模数据集的可视化。

平滑粒子流体动力学（smoothed particle hydrodynamics, SPH）是具有多方面 CS 贡献的杰出的 CFD 方法[2, 3]。在 2012 年的 SPH 综述中，Monaghan 提出了五个重要挑战，其中两个与数值和建模有关，即噪声和湍流，而其他三个可以从 CS 研究中受益，分别是性能、自适应分辨率和 3D 多相流体的边界处理。将 CS 解决方案与最先进的邻域搜索[4]、几何复杂边界的通用边界处理[5]和无矩阵泊松求解器[6]相结合，可以在单个 PC 上模拟包含复杂边界几何结构的 3D 不可压缩 SPH 场景，组成这种场景的样本点数最多达 5 亿个[7]。自适应分辨率已在文献[8]、[9]等讨论过，3D 多相流体的边界处理在文献[5]中给予解释。

尽管 CS 研究涉及 CFD 解决方案相关的各个方面，但 CFD 和 CS 研究的关联还不是最理想的，也许部分应归因于文化差异。CFD 和 CS 的同行评议具有不同的标准，这些标准反映在不同出版物的撰写方式中。从 CS 的角度来看，促进 CS 与 CFD 的结合以及改进 CS 与实验评价的联结是成功研究和开发水下干预分析和训练仿真框架的关键。

相 关 贡 献

本文将简要讨论 SPH 流体领域已有的贡献和一些相关研究。在"水下干预的仿真框架"一节中概述的方法，是应对水下干预分析和训练仿真框架所面临挑战的基础。

邻域搜索通常被认为是拉格朗日 CFD 概念中主要的性能瓶颈。邻域，也就是计算中所需的相邻样本，它随着时间的推移而变化。如果用于不可压缩 SPH，使用迭代压力求解器，那么还必须存储邻域。Verlet 列表是一个非常流行的搜索邻域的概念[10]。尽管这个概念在 50 多年前就已经提出，但在当前的 CFD 实现中仍然被采用，例如文献[11]。然而，Verlet 列表的一个主要问题是二级数据结构的内存消耗，这些二级数据结构用于加速邻域列表的频繁更新。为了缓解这一问题，研究者已经提出并分析了基于排序列表和哈希表的各种替代方案，用以减少内存需求，例如文献[4]。这些邻域搜索变体能够在单个 PC 上处理大数据量的 SPH 样本，并且能实现多达 5 亿个样本计算的场景[7]。

不可压缩 SPH 的第二个性能瓶颈是压力计算，它需要求解线性系统的压力泊松方程（the pressure Poisson equation, PPE）的离散形式。标准 PPE 求解器通常通过对拉普拉斯算子进行编码的稀疏矩阵来实现内存高效存储。即便如此，对大量样本的数据集来说内存消耗还是非常大。而且，存储稀疏矩阵的 PPE 求解器的 MPI 实现也很具有挑战性。为了缓解这些问题，人们提出了无矩阵 PPE 的实现，例如文献[6]、[12]。对该求解器来说，这些实现不需要知道矩阵元素的显式概念。对于雅可比式解算器，最多（也是必须）已知对角线元素。在 PPE 求解器实现中，不需要存储稀疏矩阵，每个流体样本点只需要存储很少额外的数值。MPI 的实现很简单，而且已经可以在单台 PC 上处理大量样本。上面提到的 5 亿样本的场景展示了对不可压缩 SPH 的模拟[7]，其中 PPE 就以无矩阵方式来求解[6]。在后续工作中[12]，PPE 还包含边界样本，即 PPE 不仅计算流体样本的压力，还计算边界样本的压力。这避免了对于边界样本使用压力镜像[5]或压力外推[13,14]等近似方法。

边界处理是模拟质量的重要主题之一，很多 CS 研究都是来解决这一问题的。例如，文献[5]表明通常采用的具有均匀大小样本的多层边界可以由具有不同大小样本的一层来替代。这极大地简化了边界采样，即边界几何体的预处理。典型的边界几何预处理的计算花销是比较昂贵的。此外，可以处理任何维度的任意边界几何形状，甚至可以处理在模拟过程中相对移动的相交边界。一个突出的例子是雨刷在挡风玻璃上的移动。文献[12]中提出了另一个有趣的想法，无矩阵 PPE 求解器可以非常有效地计算边界压力。另一个备选想法是将 SPH 流体求解器与移动最小二乘法（moving least squares, MLS）边界处理相结合[14]。对于流体内部，SPH 比 MLS 更有效，但在采样不足的边界处 MLS 可能比 SPH 更精确。

短尺度噪声是典型的 SPH 问题，会对仿真质量产生负面影响。解决这个问题的两个概念是核校正（如文献[15]）和粒子偏移（如文献[16]~[18]）。另一种策略是将两个 PPE 求解器组合起来[19]。第一个 PPE 求解器使用预测的速度散度作为源项，该求解器计算速度场。第二个 PPE 求解器使用预测的密度偏差作为源项。第二个 PPE 求解器不会影响先前计算的速度场，但会计算更新的样本位置，避免了仅使用速度散度求解器时会发生的体积漂移。第二个 PPE 求解器实现了粒子偏移，即对第一个 PPE 求解器中计算出的速度场进行重新采样。第二个 PPE 求解器非常高效，用户定义的迭代次数非常少，通常为一到两次。与其他粒子移动方法相比，不需要用户定义的缩放参数。

除了上面讨论的基本主题外，CS 还有助于界面重构（如文献[20]）和渲染（如文献[21]）。研究者提出了用于各种材料的新型高效 SPH 求解器，例如用于颗粒材料[22]、高黏性流体[23,24]、弹性固体[25]和刚性固体[26]，还提出了处理流体、高黏性流体、弹性固体和刚性固体相互作用的统一 SPH 求解器。新的隐式公式提高了高黏性流体和弹性固体求解器的效率[23, 25]。文献[26]中提出了强流体-刚性相互作用和新型刚性-刚性耦合 SPH 求解器。

产业关联性

过去几年里对 CFD 和 CS 结合起来的研究产生了新的解决方案。这个解决方案由弗赖堡大学（University of Freiburg）的衍生公司 FIFTY2 Technology 在 2015 年推向市场。FIFTY2 开发和销售 PreonLab[27]，这是一种基于 SPH 的拉格朗日流体仿真框架，特别关注准确性、效率、可用性和可靠性。PreonLab 是完全并行化的，可在台式 PC 和高性能集群上运行。因为不需要边界网格划分，所以预处理时间可以最小化。它可以对模拟结果进行各种后处理以实现强大高效的可视化。PreonLab 的仿真质量已通过标准测试用例的评估，例如马林大坝（Marin Dam）溃决情景，以及来自外部合作伙伴提供的众多其他情景。应用较好的领域是伴随有复杂且快速移动的边界几何形状的自由表面流，例如水道中的航行器、车辆的雨刷器移动时的雨水疏散预测，或是润滑优化的变速箱设计。

对面向水下干预分析和训练的仿真框架的 CFD 和 CS 研究来说，PreonLab 的可视化和后处理能力将成为未来这方面研究非常重要的工具。例如，图 1～图 4 显示了各种仿真结果可视化的 PreonLab 屏幕截图。反之亦然，对 FIFTY2 的 PreonLab 来说，"水下干预的仿真框架"一节中概述的研究挑战的解决方案也会成为后续开发的研究方向。

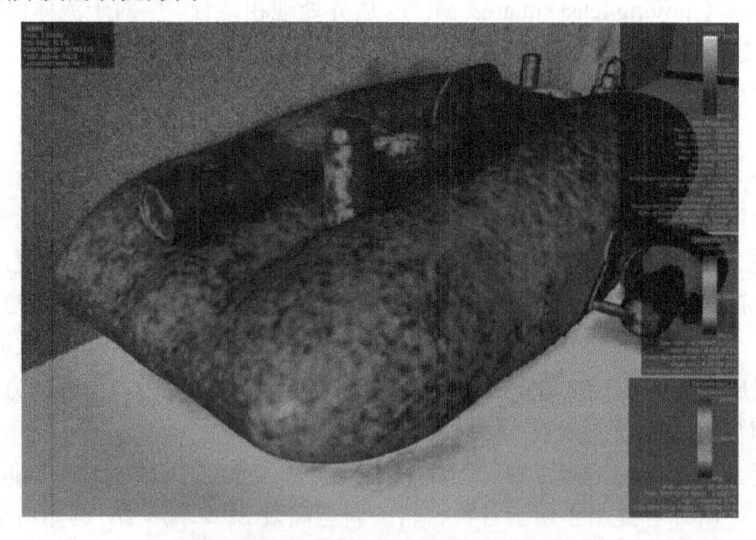

图 1 流体仿真框架的多功能性和实用性
（编辑注：扫封底二维码查看彩图）

一个水下机器人（由 DFKI Bremen 的 Marc Hildebrandt 提供）处于流体流动中。流体流动是用不可压缩的 SPH 仿真的[6]。边界处理遵循压力镜像和具有非均匀样本大小的采样边界的概念[5]。后处理（即传感器）和可视化是通过 FIFTY2 的 PreonLab[27]实现的。机器人表面上的颜色表示压力，机器人下方平面中的颜色表示周围流体流动的速度，背景中的蓝色结构表示流体样本的剪切部分。流体样本的颜色表示流体的速度

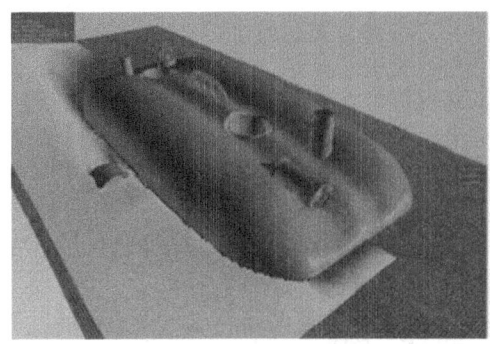

图 2 处于不同流速的流体中的同一机器人模型
（编辑注：扫封底二维码查看彩图）
使用与图 1 相同的仿真和可视化环境，着色也对应于图 1，
机器人完全被水包围，仅可视化机器人下方的流体样本

图 3 水下场景中向前移动的另一个机器人模型
（由 DFKI Bremen 的 Marc Hildebrandt 提供）表面上的压力
（编辑注：扫封底二维码查看彩图）
可以分析压力场和速度场以优化机器人的形状。此外，可以模拟下沉、上浮、加速和减速的过程以优化机器人的功能。使用与图 1 相同的仿真和可视化环境

| 水下机器人的人工智能技术 |

图 4 整个样本集的仿真域（左）和机器人周围的示例性速度场（右）

（编辑注：扫封底二维码查看彩图）

使用与图 1 相同的仿真和可视化环境

水下干预的仿真框架

背景：自主水下航行器（AUV）的设计是一项长期的设计过程，旨在努力找到关于各种优化目标的一个最佳方案。其中许多目标可以规范化，例如，相对于转子速度的有效推力，或夹具操作所需的自由空间。但通常来说，这些目标只能通过真实或模拟的实验来评估。

水下机器人的实际实验成本高昂且缺少灵活性。实验场景受到限制，而且数据可用性受到传感器性能的限制，实验分析相当困难。AUV 的开发进展通常是很慢的，每次潜在的变更都需要进行耗时且昂贵的原型重建。

仿真可用来缓解实际实验的问题。它能灵活地测试各种场景以及实现任意虚拟传感器类型、形状和位置。AUV 可能的改动通过简单地调整仿真模型就可以实现，如图 1～图 4 所示。

仿真有助于提高 AUV 的设计效率。方法之一是提供设计者工具和工具链，这样人们就可以快速评估优化目标。另一种方法是提供自动探索设计参数空间的工具，将输出设计的某个可行的子空间，或输出一些特定的设计。

开放性研究问题：为了最终给 AUV 设计提供更高效的优化工具，目前 AUV 仿真技术可能得到提升的 CS 研究方向包括与水下机器人相关的拉格朗日流体仿真、范围查询、碰撞检测、铰接物体之间的接近度计算，以及专门针对水下机器人技术的半自动系统设计优化。

关于流体仿真，可以研究的方面有：性能、流固耦合（包括可变形固体）、强耦合、自适应空间流体采样、具有约束的交互 SPH 固体或 SPH 替代方案的研究（如 MLS）。根据各自的应用场景，可以考虑进一步的仿真组件。

对于与拉格朗日流体仿真中高效邻域搜索高度相关的范围查询，下面几个前沿的方面值得研究。例如，结合空间细分和边界体积层次结构的混合数据结构。

虽然当前流体的邻域搜索方法通常是基于空间细分，但对移动的刚性边界使用边界体积层次结构，并将这两个概念结合起来可能更有意义。另一个新颖的方面可能是压缩，邻域列表的存储成本相对较高，对于大型仿真，研究内存高效的邻域存储结构肯定是有意义的。

关于碰撞检测和接近度计算，可以研究新型加速数据结构，允许在 GPU 上实现此类几何算法。这将可以实现刚体物理的超实时仿真（faster than real-time simulation, FTRT）以及流体和刚体界面处的原子仿真。对刚体进行内层填充，将能够获得流体和浸入其中的刚体之间的强耦合。

虽然仿真框架主要用于 AUV 的分析，但它也可用于训练目的。可以研究将流体求解器结合到虚拟现实（virtual reality, VR）环境中，这样的 VR 仿真系统将能让研究人员研究新的 AUV 设计或子系统（如抓手）的新设计。由于更高的沉浸度，这些系统比常规仿真系统更为直观。

结　　论

本文筛选了 CS 和 CFD 之间关系的几个方面进行讨论。近来提出的一些与 CFD 领域相关的 CS 解决方案，推动了流体仿真技术的发展，对 CFD 领域来说，与之相关的 CS 贡献显得越来越重要。在 AUV 特定领域的 CFD 解决方案方面，本文概述了未来 CS 研究的可能方向。

参 考 文 献

[1] Kraft E M (2010) After 40 years why hasn't the computer replaced the wind tunnel? Technical report, Arnold Engineering Development Center

[2] Gingold R A, Monaghan J J (1977) Smoothed Particle Hydrodynamics: theory and application to non-spherical stars. Mon Not R Astron Soc 181:375-389

[3] Lucy L B(1977) A numerical approach to the testing of the fission hypothesis. Astron J 82:1013-1024

[4] Ihmsen M, Akinci N, Becker M, Teschner M (2011) A parallel SPH implementation on multi-core CPUs. Comput Graph Forum 30(1):99-112

[5] Akinci N, Ihmsen M, Akinci G, Solenthaler B, Teschner M (2012) Versatile rigid-fluid coupling for incompressible SPH. ACM Trans Graph (TOG) 31(4): 1-8

[6] Ihmsen M, Cornelis J, Solenthaler B, Horvath C, Teschner M (2014) Implicit incompressible SPH. IEEE Trans Vis Comput Graph 20(3):426-435

[7] FIFTY2 Technology: Terrain 2-Up to 500 million particles with PreonLab (2020). https://www.youtube.com/watch?v=4y-VBLzA9Mw

[8] Horvath C J, Solenthaler B (2013) Mass preserving multi-scale SPH. Pixar Tech Memo (13-04)

[9] Winchenbach R, Hochstetter H, Kolb A (2017) Infinite continuous adaptivity for incompressible SPH. ACM Trans Graph (TOG) 36(4): 102.1-120.10

[10] Verlet L (1967) Computer "experiments" on classical fluids. i. thermodynamical properties of lennard-jones molecules. Phys Rev 159(1): 98-103

[11] Altomare C, Viccione G, Tagliafierro B, Bovolin V, Domínguez J M, Crespo A J C (2018) Free-surface flow simulations with Smoothed Particle Hydrodynamics method using high-performance computing. In: Computational fluid dynamics-basic instruments and applicationsin science. InTech, pp 73-100

[12] Band S, Gissler C, Ihmsen M, Cornelis J, Peer A, Teschner M (2018) Pressure boundaries for implicit incompressible SPH. ACM Trans Graph (TOG) 37(2):14

[13] Adami S, Hu X Y, Adams N A (2012) A generalized wall boundary condition for Smoothed Particle Hydrodynamics. J Comput Phys 231(21): 7057-7075

[14] Band S, Gissler C, Peer A, Teschner M (2018) MLS pressure boundaries for divergence-free and viscous SPH fluids. Comput Graph 76:37-46

[15] Bonet J, Lok T S L(1999) Variational and momentum preservation aspects of Smooth Particle Hydrodynamic formulations. Comput Methods Appl Mech Eng 180(1-2): 97-115

[16] Nestor R, Basa M, Quinlan N (2008) Moving boundary problems in the finite volume particle method. In: SPHERIC, pp 118-123

[17] Skillen A, Lind S, Stansby P K, Rogers B D (2013) Incompressible Smoothed Particle Hydrodynamics (SPH) with reduced temporal noise and generalised fickian smoothing applied to body-water slam and efficient wave-body interaction. Comput Methods Appl Mech Eng 265: 163-173

[18] Xu R, Stansby P, Laurence D (2009) Accuracy and stability in incompressible SPH (ISPH) based on the projection method and a new approach. J Comput Phys 228(18): 6703-6725

[19] Cornelis J, Bender J, Gissler C, Ihmsen M, Teschner M (2018) An optimized source term formulation for incompressible SPH. Vis Comput, 1-11

[20] Akinci G, Ihmsen M, Akinci N, Teschner M (2012) Parallel surface reconstruction for particle-based fluids. Comput Graph Forum 31(6):1797-1809

[21] Akinci N, Dippel A, Akinci G, Teschner M (2013) Screen space foam rendering. J WSCG, 195-204

[22] Ihmsen M, Wahl A, Teschner M (2012) High-resolution simulation of granular material with SPH. In: VRIPHYS, pp 53-60

[23] Peer A, Ihmsen M, Cornelis J, Teschner M (2015) An implicit viscosity formulation for SPH fluids. ACM Trans Graph (TOG) 34(4): 114: 1-114:10

[24] Peer A, Teschner M (2017) Prescribed velocity gradients for highly viscous SPH fluids with vorticity diffusion. IEEE Trans Vis Comput Graph 23(12): 2656-2662

[25] Peer A, Gissler C, Band S, Teschner M (2018) An implicit SPH formulation for incompressible linearly elastic solids. Comput Graph Forum 37(6):135-148

[26] Gissler C, Peer A, Band S, Teschner M (2018) Interlinked SPH pressure solvers for strong fluid-rigid coupling. ACM Trans Graph (TOG), 1-14

[27] FIFTY2 Technology: PreonLab (2018). www.fifty2.eu

第四部分
自主和任务规划

针对新一代以长期自主方式导航的水下航行器系统的开发，前面的文章关注了其所需的基本系统要求以及干预特性。开放水域意味着面临通信不畅、受限且危险的环境等重大挑战，因此这些系统必须设计为具有高度机动性和适应性的模块化系统。

本部分的重点是将前几章中提出的那些新的智能系统集成到实际场景中，如洞穴探索或水下设施的检查和维护等。

第14篇文章的重点是狭窄区域内自主水下机器人的导航，这是水下机器人领域的一个特殊问题。这篇文章归纳了用于处理自我定位预估和环境地图计算的特定方法所面临的挑战，介绍了如何解决这些问题并给出了解决方案。

由于水下系统必须在通信可能性有限的情况下运行，因此研发出的方法必须确保其在各种情况下以及在不可预测的情况下都能正确运行。关于这些问题，第15篇文章回顾了水下机器人系统硬件和软件的系统建模和验证的可行性，并进一步阐明了如何设计认证算法。

最后一篇文章讨论了机器人团队和人类研究人员团队之间的新型合作接口。基于此，机器人团队和人类操作员可以执行合作的任务规划，以及进行人类操作员和机器人之间的协作。特别是在人类只能有条件地行动或是在人类行动完全受到限制的领域，人与机器人的结合具有巨大的优势，因为在这种情况下，机器人系统高度执行动态和复杂活动的能力与人类处理歧义或错误数据的能力可以相结合。作者提出了一种用于水下探索的交互式战略任务管理系统，允许机器人系统在人类外部控制下以快速直观的方式分析它们遇到的情况和挑战。

在此基础上，现有的智能系统在与人类的交互中得到了质的提升，因此它们在水下场景中的工作也获得了改进和扩展。

受限空间内水下航行器自主导航的新方向

乌多·弗雷泽，丹尼尔·比舍尔，沃尔弗拉姆·布加德
Udo Frese, Daniel Büscher and Wolfram Burgard

摘要 本文提出了关于通用机器人技术如何帮助自主水下航行器（AUV）在受限空间中导航的一些初步设想，特别是利用空间边界和考虑开放水域中不可获取的信息。自然受限空间（如洞穴）及人造洞穴（如离岸风力涡轮机的三脚台或水下油气设施），让这个应用变得很有趣。本文作者认为，带有前视摄像头和/或声呐的通用 AUV 感知系统在测量 AUV 周围环境的结构方面存在缺陷。"周围环境"在受限空间中尤为重要，因为 AUV 不能被视为"空间点"，而需要考虑其物理延伸。虽然远程传感器观察到的远处环境特征可以被映射构建出来，但之后当 AUV 靠近并且传感器无法再观察到时，它们无法被这些传感器直接用于定位。但是，仍然要看到利用它们的可能性。此外，人们还可以通过其他方式得到新特征。如何实现这一点是本文要传达的中心思想。

引　言

海上航行通常与开阔水域有关。古代波利尼西亚人通过星星和鸟类来寻路并在太平洋航行[1]，到 18 世纪六分仪和航海钟的发明，再到现代的全球定位系统

U. Frese（通信作者）

University of Bremen, Enrique-Schmidt-Str. 5, 28359 Bremen, Germany　（不来梅大学，恩里克·施密特街 5 号，不来梅，德国，28359）

e-mail: ufrese@informatik.uni-bremen.de

D. Büscher（通信作者）, W. Burgard

Autonomous Intelligent Systems, University of Freiburg, Georges-Köhler-Allee 080, 79110 Freiburg, Germany（弗赖堡大学自主智能系统研究团队，乔治·克勒·阿尔街 080 号，弗赖堡，德国，79110）

e-mail: buescher@informatik.uni-freiburg.de

W. Burgard

e-mail: burgard@informatik.uni-freiburg.de

© Springer Nature Switzerland AG 2020

F. Kirchner et al. (eds.), *AI Technology for Underwater Robots*,

Intelligent Systems, Control and Automation: Science and Engineering (ISCA, volume 96),

https://doi.org/10.1007/978-3-030-30683-0_14

（GPS），主要的挑战都是在广阔的海洋中找到自己的位置。

与开阔的大洋不同的是，有一些重要的水下环境面临的挑战是它们又小又受限制，诸如具有特殊科学意义的洞穴以及与经济相关的风力涡轮机基础设施、水下油气设施，甚至大型管道（图1）。在所有这些情况下，空间受限制的特点使得它们对潜水员来说很危险，也很难进行 AUV 导航。从水面上的导航到受限环境中的导航这一特殊问题，存在着很大跨度。由于集成管束可能会缠在一起，即使遥控操作也很困难。

图 1　在受限水下环境中执行任务的示例
（编辑注：扫封底二维码查看彩图）

AUV Dagon 正在下降到发电厂的冷却水井中[2]。图片由 DFKI 的 Marc Hildebrandt 提供

这个问题促使人们去研究，通用机器人的哪些技术可以利用环境特有的受限特征来促进定位、地图构建和最终的导航。

本文从相关的现有成果出发，讨论 AUV 在受限制空间中感知的研究现状，然后介绍并展望了实现自主探索的主要思路，如利用自我-可通行空间信息（ego-freespace information）、与环境温和接触时从惯性测量装置（inertial measurement unit, IMU）获得的信息、通过掌握环境的静态部分所提供的信息，以及最后使用主动感知来实现自主探索。

最 新 技 术

在过去的 20 年里，同步定位和地图构建（SLAM）一直是一个活跃的研究领域，文献[3]中总结了当前可以使用的算法和实现案例，例如用于自动驾驶、UAV

导航，甚至土木工程中的质量保证[4]。它们主要基于RGB[5,6]或RGBD（D表示深度）图像[7]，并且要么在提取的关键点[8]上使用，要么在整个图像中密集地使用[6][译者注：密集是指全像素匹配（whole image registration）]。最突出的方法是，基于与需被估计的点或姿势对应的节点和与相邻节点的测量值对应的边缘，将图形表示为软约束。在诸如g2o[9]、SLoM[10]或ceres[11]之类函数库中的优化算法通过最小二乘法来最小化，为给定边缘信息的节点获取最可能的值。

水下领域的几个视觉SLAM应用在文献[12]~[18]中进行了介绍，但主要是作为后处理而不是在AUV的控制回路中。这是因为水下领域在能见度和特征方面是困难的，因此发生故障的风险很高。DEPTHX项目[19]提供了一个AUV的优秀示例，可在实验室外自主运行或是在受控制的比赛中利用SLAM进行定位。该系统在一系列手动指定和自主执行的任务中探索、测绘和探测Zacatón Cenote（译者注：位于墨西哥中部的全球最深矿井）。SLAM子系统使用IMU和DVL进行航位推算，并使用三环声呐（无摄像头）来感知环境。SLAM算法本身则使用Rao-Blackwellized粒子滤波器，其中每个粒子有一个3D八叉树地图，并采用了一个巧妙的延迟复制方案以实现必要的性能。

大多数SLAM算法将机器人视为点状传感器，但文献[20]、[21]是例外的，在文献[20]、[21]中SLAM利用了机器人自身与环境的交互作用而产生的信息。而文献[22]中则是晶须机器人执行了触觉SLAM。文献[20]、[21]和文献[22]的这两种情形都利用了机器人占据的空间必须是空的这个事实。

感 知 情 境

文献[23]对开阔水域（水下）导航的传感器和导航算法进行了调查，而文献[24]则提供了一个更易于理解掌握的概览。本文将专门讨论带有前视传感器的AUV，例如摄像头或声呐，因为对受限制空间任务来说，人们可能更倾向使用前视传感器。

航位推算传感器

航位推算传感器（dead reckoning sensors）有两个共同特征：首先，它们测量有关AUV内部状态的某些数值，而无须参考外部事物；其次，它们测量的是数量上的变化，而不是绝对数量本身。这些变化需要被不断累加（或整合），这会导致不断增加的累积误差（称为漂移）。

AUV通常配备强大的"里程计"包。测量转弯率的光纤陀螺仪每小时会累积几度的误差[25]，因此该定向仅用于短任务。它与加速度计一起测量实际加速度和重力加速度，从而为"向下"提供参考，俯仰和滚转不再漂移。如果使用寻北陀

| 水下机器人的人工智能技术 |

螺仪或适当的融合算法,则该方法同样适用于从地球自转轴得到偏航信息。

关于平移,AUV 通常具有所谓的多普勒测速仪(DVL),它测量相对于地面的当前速度向量,通过从声学上评估来自地面不同方向回声的多普勒频移来实现。严格地说,这个传感器确实参考外部的东西(即地面),但它被很好地概化为速度传感器,也就是等同于陀螺仪。

在正常情况下上述测量结果非常精确,例如文献[26]报道的 0.12%,但是在困难的(如受限制的)环境中,回声来自平坦地面的假设不再成立,性能显著地恶化,如文献[19]中的图 5.5。在很短时间里,估算误差可以通过加速度计来弥补。但是在依赖加速度计 $t = 5\min$ 后,$\theta = 0.1°$ 大小的姿态误差会导致 $\frac{1}{2}\sin(\theta)gt^2 \approx$ 785m 的位置误差。因此,加速度计可以对较短的时间间隙(gaps)进行弥补,但不能用于长期的定位。

前视传感器

像图 2 这样,航行器驶过受限制空间。尽管空间受到限制,但它仍会观察前方一定距离(图 2 左)的环境,本文作者认为这通常足以进行环境地图构建。

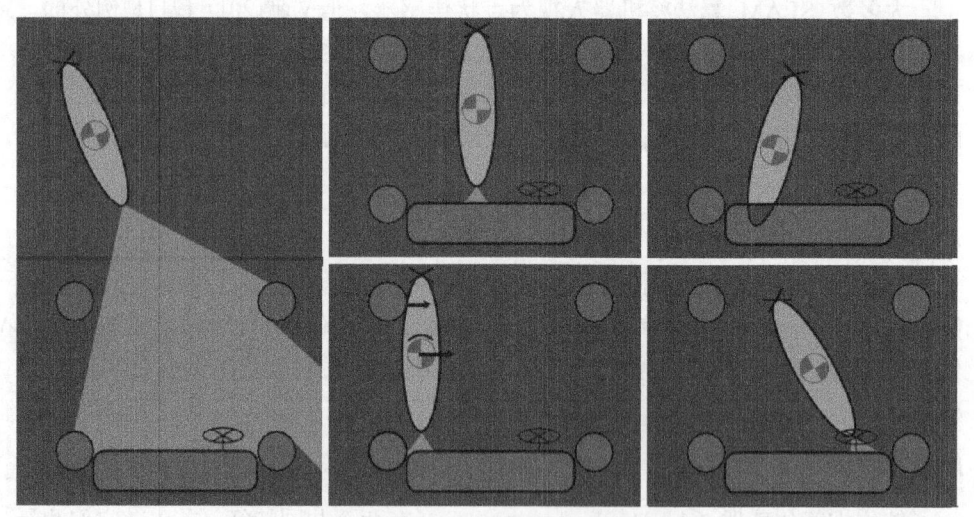

图 2 AUV 在受限空间中发生的有趣感知现象
(编辑注:扫封底二维码查看彩图)

左:当带有前视传感器的 AUV 接近某物时,其传感器可以很好地感知该物体。这些传感器覆盖的区域表示为色光区域,未覆盖的区域是深蓝色。上/中:靠近物体时,前视传感器不能提供太多信息。上/右:AUV 不能处于与环境重叠的姿势。下/中:如果 AUV(轻轻地)接触环境,则可以从 IMU 明显的(角)速度变化推导出接触位置。这为定位提供了重要信息。下/右:AUV 操纵中的一个常见问题是 AUV 绕类似一个手柄旋转而不是操作该手柄。这可以从 IMU 数据中观察到,并且使用相当精确的陀螺仪可以在没有外部参考的情况下进行更好的位置估计当 AUV 在导航过程中或实际操作期间靠近某物时，就会出现困难的情况（图 2 上/中）。在这种情况下，所有 SLAM 算法都受到有限空间的挑战，这仅仅是因为当传感器靠近障碍物时，它通常无法提供足够的信息进行可靠定位。因为传感器的视野通常是圆锥形的，越靠近机器人，传感器的视野绝对比远离机器人要小。

此外，大多数声呐都有一个最小范围。事实上，相机也有要对焦的因素。AUV 的照明通常会导致过度曝光或被非常靠近的物体遮挡，因此相机实际上也有一个最小范围。

AUV 自由漂浮而加速度计只能对几秒钟的间隙进行弥合，于是位置就丢失了。而且，作为地面巡航时精确测程仪的多普勒测速仪在这里也不可靠，因为它的感测是基于平坦地面的假设，并且大多数多普勒测速仪都有最小距离限制。

在这种情况下，由于前方视野被挡住，在本文作者看来，机器人的直接周边环境是一个很有价值的信息来源。在"前视传感器被遮挡时建议的信息源"一节中，本文作者将指出，在 AUV 船体上没有安装传感器的情况下，如何利用周边环境来提供信息。

其他导航传感器

最值得关注的是：深度绝对值可以通过环境压力传感器来测量。与陆地应用不同，在水下 Z 轴的测量不是问题，可以通过压力传感器来实现。在开阔水域，AUV 通常使用发射自专门浮标发射器的声波来进行定位。根据浮标之间的距离，这些被称为长、短或超短基线系统。这些技术在受限空间中不起作用，因为声学视线被阻挡，最多在进入受限区域时提供一个起始位置。

前视传感器被遮挡时建议的信息源

接下来，本文作者建议利用以下三种类型的信息，这些信息对处于类似图 2 上/中的情形时很有价值，在这种情况下只能基于机器人的物理延展和来自 IMU 的测量。

从机器人自身获取的信息

第一个信息是 AUV 的姿态不能与地图中已知障碍物重叠，该地图可以是先验可用的，也可以是在接近当前位置时创建的（图 2 左）。任何情况下，如果当前 AUV 所处周围环境的地图的某些部分被认为是可用的，那么这种"自我-可通行空间信息"（即地图中 AUV 和障碍物一定不会重叠的这一约束）可以用于定位（图 2 上/右）。

这个信息已用于行人室内定位的应用场景中，并且非常有效。据文献[27]报道，95%的情况下，当基于 IMU 的步行者测程结果与人类无法穿过的墙壁的信息融合时，在已知建筑物中可实现<0.7m 的定位精度。文献[28]也得到了类似的结果。

这个信息并不能防止姿态估计中的小漂移，因为在图 2 上/中的示例中，只要 AUV 位于墙壁和四个极点之间，自我-可通行空间的信息并不能确定出具体位置，而只是阻止"离开该区域"的假设。但对于类似安全的备用操作和第二次尝试，这仍然是足够有价值的信息。

从环境接触中获取信息

类似于本文作者之前在这一主题的研究工作[29]，这里的关键思想是观察到与环境的接触会改变 AUV 的速度和角速度，并且从这些变化的比率和迹象可以确定船体上的接触点。这可以作为积极的信息来使用，即 AUV 一定在处于某个姿态时，船体上接触点触碰了周围环境（图 2 下/中）。

这个接触信息在一定意义上是对自我-可通行空间信息的补充，因为自我-可通行空间信息排除了应该有接触但没有被观察到的假设，而接触信息则排除了没有接触却被观察到的假设。

推导

深入看一下上述主张，观察到该接触将力 f 施加在 AUV 上的点 p 上，根据自由浮动动力学方程，于是有

$$\dot{v} = m^{-1} f \tag{1}$$

$$\dot{\omega} = I^{-1}(p \times f) \tag{2}$$

式中，v 和 ω 分别是速度和角速度；m 是 AUV 的质量；I 是 AUV 的惯量矩阵。m 和 I 都包括来自周围流体的附加质量。在该接触的持续时间 $[t_0, t_1]$（需要根据过程来确定）内对式（1）和式（2）进行积分：

$$\delta v = v(t_1) - v(t_0) = m^{-1} \int_{t=t_0}^{t_1} f(t)\, \mathrm{d}t \tag{3}$$

$$\delta \omega = \omega(t_1) - \omega(t_0) \approx I^{-1} \left(p \times \int_{t=t_0}^{t_1} f(t)\, \mathrm{d}t \right) \tag{4}$$

式中，$\approx$ 是因为在接触过程中 p 和 I 都可能会发生很小的变化。$\int_{t=t_0}^{t_1} f(t)\, \mathrm{d}t$ 是该接触和未知情况产生的冲量，但 δv 和 $\delta \omega$ 两者都可以分别通过对加速度计积分和计算陀螺仪的差值来从 IMU 相应地获取。因此：

$$m^{-1} I \delta \omega = p \times \delta v \tag{5}$$

如果式（5）的左侧与 δv 正交，则式（5）描述了方向向量 δv 在 3D 空间里的一条直线。这条线与船体相交两次，假设船体是凸形的，则其中只有 δv 指向 AUV 的地方相交才有可能，因为接触力只能向内不能向外。

这条线的论点基本类似于 Haidacher 等[30]的方法，该方法从力-扭矩传感器读

数来估计机器人手指接触点，因为对于自由浮动的航行器，相对应的是力/扭矩和加速度/角加速度。

有效性

这种方法引出了几个问题：来自该接触的信号在 IMU 读数中是否足够清晰，以便可以检测和分离出 δv 和 $\delta \omega$？触点位置的估计有多精确？触力是否会破坏环境或 AUV？

为了至少初步回答这些问题，对图 3 所示的情况进行了小型的模拟研究。结果显示该方法似乎可行，但仅适用于非常小的速度（0.05m/s）。使用合理的参数（包括允许 1.5mm 压痕的橡胶涂层船体），大约 100N 的接触力和 0.6m/s² 的加速度，这应该不会损坏 AUV。另外，这种加速度以及 $\delta \omega = 5(°)/s$（角速度）明显大于噪声或其他干扰，应该是可以检测到的，特别是由于它们的出现为一个峰值，只有大约 0.1s 的持续时间。

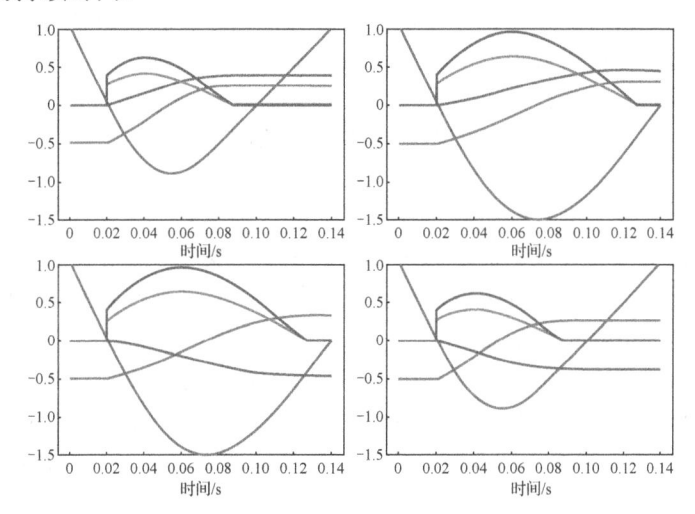

图 3 AUV 与船体不同位置（从上/左到下/右：前 0.85m，前中 0.425m，后中 0.425m，后 0.85m）的仿真接触

（编辑注：扫封底二维码查看彩图）

基于一个 0.3m×1.7m 的圆柱体的 2D 仿真，增加了 25%的质量和负方向的侧向惯性移动，模拟具有 60N/mm 弹性和 800(N·s)/m 阻尼（如橡胶涂层船体）的接触。曲线显示接触距离（蓝色，mm，负值表示穿透）、速度 v（橙色，dm/s）、加速度 α（绿色，m/s²）、角速度 ω（品红色，×10(°)/s）和接触力 F（红色，×100N）随着时间推移的变化。可以看出前后接触仅在 ω 的符号上不同。正向移动会导致 α 和 ω 的符号都翻转。

在接触时刻的简单模型中，橡胶船体的阻尼力开始起作用，这导致 α 和 F 的不连续

对于类似岩石或人造钢结构，100N 看起来似乎不太危险。当然，也有例如禁止接触的珊瑚礁等环境。然而，即使这样，检测和评估接触的功能也有助于检测出小事故，并在它们变成大事故之前将其恢复正常。

操纵过程中的定位

第三个信息源主要是指 AUV 操纵某物的特定情况（图 2 下/右）。在这种情形下，AUV 经常会去转动类似于手柄的东西，但实际上是围绕着手柄旋转。如果再有定位丢失的情况，比如因为物体非常靠近前视传感器，那么这种情形就会失控。

本文作者的思路是，因为 AUV 已经抓住了某个东西，当系统知道相对于 AUV（这里指抓手）的某个特定点停留在一个固定的物理位置时，AUV 的位置可以从它的方位推导出来，该方位可以通过陀螺仪精确获得，从而避免了加速度计积分造成的大漂移。

这种情况可以通过基于模型的方式来检测，文献[31]中 11.6.6 节使用的是交互的多模型过滤器，其中一种模式是自由浮动的（包括推力），另一种模式是围绕固定在物理位置和机器人（或替代的机械手）框架的某个点旋转。该过滤器会不断尝试估计与 IMU 数据最匹配的固定位置，并评估它是否足够匹配。由于操纵运动相当快，本文作者相信这种围绕抓握点旋转的情况肯定可以从 IMU 数据中识别，然后一旦识别出这种情况，就可以避免进一步的漂移。

水流的地图构建

受限水下环境中的一个特殊挑战是水流。开阔水域水流在较长尺度上通常是均匀的，但在受限制环境中的水流可能会发生剧烈变化，在存在特定静态环境几何形状的情况下，甚至会发生湍流效应。因此，需要精确地测量 AUV 周围的水流，并估计一个完整的水流图，用于改进航行器控制和安全路径规划。其目标是，根据发出的电机指令，主要通过比较预期的 AUV 运动以及定位系统测量观察到的运动来测量水流。可以通过使用声学多普勒海流剖面仪（acoustic Doppler current profiler, ADCP）来测量水流中颗粒物声反射的多普勒频移，从而获得沿 DVL 波束的水流速度剖面。

对于开放水域的水流地图构建，前面所述方法已被广泛接受，并存在相应的商业产品，如文献[32]所述。这些已有的方法将 AUV 视为点状物体，并从 3D 线性速度推导出水流。对开放水域中的同质水流而言，这是很好的近似值。但是在受限环境中，AUV 的扩展部分不能被忽略，沿着船体方向的水流导数极可能明显大于零。因此，研究的目标是要使用全 6D 速度，包括角速度，以获取与 AUV 船体相关的不同的水流测量值。

应用这种方法可以沿着 AUV 的路径测量水流。然而，为了在路径规划中使用它们，需要将它们外推到已映射的完整自由空间。在这里，本文作者计划采用一种两阶段的方法：首先扩展 Band 等[33]开发的方法来推导获取水流图，并将测量结果作为约束；其次，在仿真结果的基础上训练一个深度神经网络作为水流的估计器。虽然本文作者预期，即使对于复杂的环境几何形状，这一方法也能产生水流的精确估计，但由于计算限制，这种方法在 AUV 上实时执行是不可行的。这将进一步推动深度学习方法的发展，期待能出现可以给出更近似的结果而对算力要求更少的算法。这个估计器的研究会沿着本文作者之前使用的非平稳高斯过程这一主题的一系列研究路线来进行[34]。

自 主 探 索

自主探索是一项 AUV 在受限环境中导航的关键能力，因为即使与控制中心的通信是低带宽的，也有可能长时间阻塞。本文作者的目的是将使用上述方法收集的所有信息整合到一个可靠的探索策略中。尤其是，本文作者认为在 SLAM 过程中通过主动触碰环境的方式来补充用于不确定性定位的传感器信息将是有用的。

其中具有挑战性的是对这些有意触碰的优化。在这里，与信息增益相比，人们必须权衡进行触碰所需的时间和能源上的投入是否值得，此外，还要与使用其他传感器模式进行地图构建的替代性探索策略进行权衡。本文作者计划在自己之前相关工作[35]的基础上继续推进。针对如何选择地标，文献[35]制定出一个最优策略。

此外，还需考虑探索过程的安全方面，特别是航行器的安全返回。在这里，地图构建过程中的不确定性以及收集到的有关水流的信息，将为任务期间确定轨迹回溯点和返回点奠定基础，从而扩展本文作者之前在自主机器人探索方面[36]的研究工作。

结 论

在本文中，作者针对受限空间中的水下定位提出了不同的设想：自我-可通行空间信息，即 AUV 不能处于与障碍物重叠的姿态；接触信息，触碰点根据 IMU 数据计算得出；在操纵某物的情况下，基于模型的运动信息；使用上述方法收集到的信息进行水流绘图估计和主动探索。本文作者相信，这些想法的成果将有利于应对具有挑战性的受限水下任务。

参 考 文 献

[1] Lewis D (1994) We, the navigators: the ancient art of landfinding in the Pacific. University of Hawaii Press

[2] Hildebrandt M, Gaudig C, Christensen L, Natarajan S, Paranhos P, Albiez J (2012) Two years of experiments with the AUV Dagon—a versatile vehicle for high precision visual mapping and algorithm evaluation. In: Proceedings of the 2012 IEEE/OES autonomous underwater vehicles(AUV), Southampton, UK, pp 24-27

[3] Cadena C, Carlone L, Carrillo H, Latif Y, Scaramuzza D, Neira J, Reid I, Leonard J J (2016) Past, present, and future of simultaneous localization and mapping: toward the robust-perception age. IEEE Trans Robot 32(6):1309-1332

[4] Kalyan T S, Zadeh P A, Staub-French S, Froese T M (2016) Construction quality assessment using 3D as-built models generated with project tango. Procedia Eng 145:1416-1423

[5] Fuentes-Pacheco J, Ruiz-Ascencio J, Rendón-Mancha J M (2015) Visual simultaneous localization and mapping: a survey. Artif Intell Rev 43(1):55-81

[6] Newcombe R A, Lovegrove S J, Davison A J (2011) DTAM: dense tracking and mapping in real-time. In: 2011 IEEE international conference on computer vision (ICCV). IEEE, pp 2320-2327

[7] Whelan T, Salas-Moreno R F, Glocker B, Davison A J, Leutenegger S (2016) Elasticfusion: real-time dense slam and light source estimation. Int J Robot Res 35(14): 1697-1716

[8] Mur-Artal R, Montiel J M M, Tardos J D (2015) ORB-SLAM: a versatile and accurate monocular slam system. IEEE Trans Robot 31(5):1147-1163

[9] Kümmerle R, Grisetti G, Strasdat H, Konolige K, Burgard W (2011) G^2o: a general framework for graph optimization. In: 2011 IEEE international conference on robotics and automation (ICRA). IEEE, pp 3607-3613

[10] Hertzberg C, Wagner R, Frese U, Schröder L (2013) Integrating generic sensor fusion algorithms with sound state representations through encapsulation of manifolds. Inf Fusion 14(1): 57-77

[11] Agarwal S, Mierle K et al (2018) Ceres solver. http://ceres-solver.org

[12] Bryson M, Johnson-Roberson M, Pizarro O, Williams S B (2016) True color correction of autonomous underwater vehicle imagery. J Field Robot 33(6):853-874

[13] Campos R, Garcia R, Alliez P, Yvinec M (2015) A surface reconstruction method for in-detail underwater 3D optical mapping. Int J Robot Res 34(1):64-89

[14] Johnson-Roberson M, Pizarro O, Williams S B, Mahon I (2010) Generation and visualization of large-scale three-dimensional reconstructions from underwater robotic surveys. J Field Robot 27(1): 21-51

[15] Nicosevici T, Gracias N, Negahdaripour S, Garcia R (2009) Efficient three-dimensional scene modeling and mosaicing. J Field Robot 26(10):759-788

[16] Pfingsthorn M, Birk A, Büelow H (2012) Uncertainty estimation for a 6-DoF spectral registration method as basis for sonar-based underwater 3D SLAM. In: 2012 IEEE international conference on robotics and automation (ICRA). IEEE, pp 3049-3054

[17] Pizarro O, Eustice R, Singh H (2004) Large area 3D reconstructions from underwater surveys. In: MTS/IEEE OCEANS conference and exhibition. Citeseer, pp 678-687

[18] Williams S B, Pizarro O R, Jakuba M V, Johnson C R, Barrett N S, Babcock R C, Kendrick G A, Steinberg P D, Heyward A J, Doherty P J et al (2012) Monitoring of benthic reference sites: using an autonomous underwater vehicle. IEEE Robot Autom Mag 19(1): 73-84

[19] Fairfield N, Kantor G, Jonak D, Wettergreen D (2008) DEPTHX autonomy software: Design and field results. Technical Report CMU-RI-TR-08-09, Carnegie Mellon University

[20] Hidalgo-Carrio J, Babu A, Kirchner F (2014) Static forces weighted Jacobian motion models for improved Odometry. In: 2014 IEEE/RSJ international conference on intelligent robots and systems (IROS 2014). IEEE, pp 169-175

[21] Schwendner J, Joyeux S, Kirchner F (2014) Using embodied data for localization and mapping. J Field Robot 31(2):263-295

[22] Fox C, Evans M, Pearson M, Prescott T (2012) Tactile slam with a biomimetic whiskered robot. In: 2012 IEEE international conference on robotics and automation (ICRA). IEEE, pp 4925-4930

[23] Leonard J J, Bahr A (2016) Autonomous underwater vehicle navigation. In: Springer handbook of ocean engineering (Chapter 14). Springer, pp 341-358

[24] Nortek group: New to subsea navigation? (2018). https://www.nortekgroup.com/insight/nortek-wiki/new-to-subsea-navigation

[25] Goodall C, Carmichael S, Scannell B (2013) The battle between MEMS and fogs for precision guidance. Technical report MS-2432, Analog Devices, Inc. http://www.analog.com/ media/en/technical-documentation/tech-articles/The-Battle-Between-MEMS-and-FOGs- for-Precision-Guidance-MS-2432.pdf

[26] Sonardyne: Syrinx-doppler velocity log specifications. Technical report (2017). https://www. sonardyne.com/product/syrinx-doppler-velocity-log/

[27] Woodman O, Harle R (2008) Pedestrian localisation for indoor environments. In: Proceedings of the 10th international conference on ubiquitous computing. ACM, pp 114-123

[28] Stolpmann A (2016) Innenraumfußgängerverfolgung mit inertialsensoren und gebäudeplänen. Master's thesis, Universität Bremen. www.uni-bremen.de

[29] Kollmitz M, Büscher D, Schubert T, Burgard W (2018) Whole-body sensory concept for compliant mobile robots. In: Proceedings of the IEEE international conference on robotics & automation (ICRA), Brisbane, Australia. http://ais.informatik.uni-freiburg.de/publications/papers/kollmitz18icra.pdf

[30] Haidacher S, Hirzinger G (2003) Estimating finger contact location and object pose from contact measurements in 3d grasping. In: IEEE international conference on robotics and automation.Proceedings, ICRA'03, vol 2. IEEE, pp 21805-21810

[31] Bar-Shalom Y, Li X R, Kirubarajan T (2001) Estimation with applications to tracking and navigation. Wiley

[32] YSI: i3XO EcoMapper AUV (2018). https://www.ysi.com/ecomapper

[33] Band S, Gissler C, Ihmsen M, Cornelis J, Peer A, Teschner M (2018) Pressure boundaries for implicit incompressible SPH. ACM Trans Graph (TOG) 37(2):14

[34] Plagemann C, Kersting K, Burgard W (2008) Nonstationary Gaussian process regression using point estimates of local smoothness. In: Proceedings of the European conference on machine learning (ECML), Antwerp, Belgium. http://ais.informatik.uni-freiburg.de/publications/ papers/plagemann08ecml.pdf

[35] Strasdat H, Stachniss C, Burgard W (2009) Which landmark is useful? Learning selection policies for navigation in unknown environments. In: Proceedings of the IEEE international conference on robotics & automation (ICRA), Kobe, Japan. https://doi.org/10.1109/ROBOT.2009.5152207

[36] Stachniss C, Grisetti G, Burgard W (2005) Information gain-based exploration using rao-blackwellized particle filters. In: Robotics: science and systems, vol 2, pp 165-172

自主水下系统的验证

克里斯托夫·吕特，妮科尔·梅戈，罗尔夫·德雷克斯勒，乌多·弗雷泽

Christoph Lüth, Nicole Megow, Rolf Drechsler and Udo Frese

摘要 由于水下系统很长一段时间内都运行在人类无法直接接触的地方，通常是自主运行，因此组成水下系统的软件和硬件的正确性值得高度关注。在本文中，作者将回顾现有的技术，以确保使用形式化方法的硬件和软件的正确性，并评估它们对水下机器人的适用性。同时指出了几个有前景的领域：系统建模、程序验证以及保证有效性和正确性的算法设计（认证算法）。

引　言

大多数情况下，水下系统都在非常危险和不利的环境中运行，网络访问受限，通信不畅，并且遥不可及。如果出现问题，很难从外部给予修复，因此需要确保系统在任何情况下都能正常运行。

有丰富的方法工具集可用于实现这一目标，这些方法中有许多都是基于正确性和证明的数学概念（称为形式化方法，formal method），本文作者将在下面回顾它们对机器人和水下机器人的适用性。

C. Lüth（通信作者），R. Drechsler, U. Frese

Deutsches Forschungszentrum für Künstliche Intelligenz (DFKI) and University of Bremen, Bremen, Germany（德国人工智能研究中心，不来梅大学，不来梅，德国）

e-mail: christoph.lueth@dfki.de

R. Drechsler

e-mail: rolf.drechsler@dfki.de

U. Frese

e-mail: ufrese@informatik.uni-bremen.de

N. Megow

University of Bremen, Bremen, Germany　（不来梅大学，不来梅，德国）

e-mail: nicole.megow@uni-bremen.de

© Springer Nature Switzerland AG 2020

F. Kirchner et al. (eds.), *AI Technology for Underwater Robots*,

Intelligent Systems, Control and Automation: Science and Engineering (ISCA volume 96),

https://doi.org/10.1007/978-3-030-30683-0_15

首先，需要使"在任何情况下都正确运行"的概念更加准确。这意味着需要明确水下机器人的行为方式（怎么做）和功能（做什么），例如可以指定机器人永远不会超过给定的速度限制，或者永远不会撞到障碍物。确保机器人（以及机器人控制软件的实现）满足这些特性被称为验证（verification）。为了验证系统是否正常工作，必须能够形式化地说明系统的特性。这需要对系统、系统所处的环境以及系统的行为方式（如何运行）进行形式化描述。这种形式化描述被称为模型，是形式化验证的基础。

在本文中，作者将首先回顾系统建模和软硬件验证的基础知识，然后考虑如何设计可被验证的算法。接下来会介绍先前关于自主机器人控制算法的工作作为机器人技术验证的案例。结论部分讨论了形式化方法在水下自主机器人验证中的应用。

系 统 建 模

自主水下系统的验证从系统的形式化模型开始。该模型描述了正确的（期望的）行为，而不考虑实际的实现。我们可以从模型生成代码并获得一个设计正确的系统，或者我们可以实现该系统并随后验证其正确的行为。

为了对系统进行建模，已经开发了多种建模语言。它们中的大多数都归入到统一建模语言（unified modelling language, UML）之下（如果不是在语法上，那么就是在概念上）。一个名为 SysML 的 UML 概要配置文件（a profile of UML）是专门为系统开发而量身定制的，非常适合本文的上下文背景，因此本文作者将在下面使用它。

SysML 允许使用八种不同类型的图来描述系统的结构和行为。重要的是，SysML 描述了整个系统而不仅仅是软件方面。对自主水下航行器（AUV）来说，其结构可能是有两个用于图像识别的摄像头、一个用于推进的发动机、一个用于操纵的方向舵和一个主控制器。这种分解可以使用块定义图（block definition diagram, BDD；SysML 中最重要的结构图，相当于 UML 中的类 class 图）来描述，如图 1 所示。图 2 则继续描述主控制器的软件结构：主控制器连接到相机、方向舵和引擎，提供一个操作 move() 来产生转向命令。连接由 SysML 的端口来模拟，可以通过总线系统（如 USB、Can-Bus）或直接（串行）连接来实现，图中没有进行具体说明，只是说明交换的信息和方向：摄像头发送 ImgData 块，方向舵和发动机分别发送和接收方向舵位置和发动机功率水平。图中进一步指定了 ImgData 的结构：它是一个块（block），具有一个长度字段、一个具有精确长度的原始图像数据序列，以及一个时间戳。

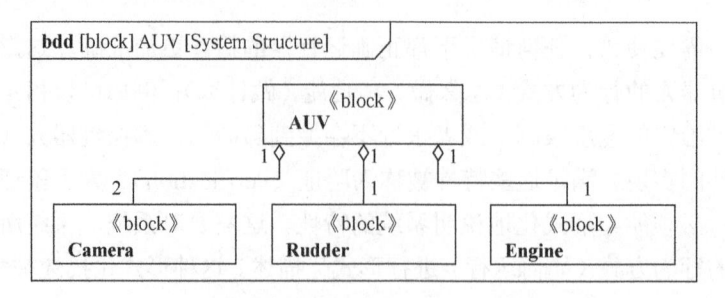

图 1 自主水下航行器（AUV）的系统架构

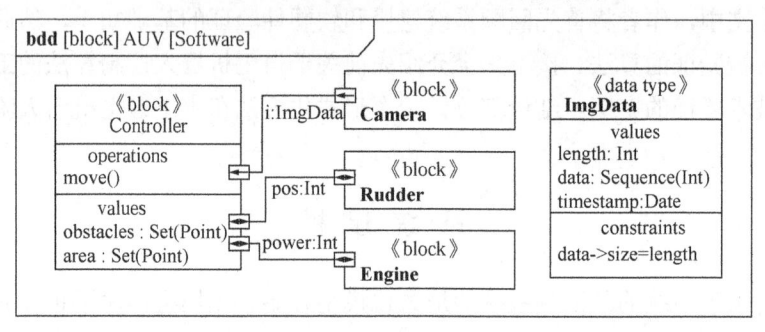

图 2 AUV 主控制器结构

以这种方式描述的结构大多是静态的。为了明确动态行为的特性，须使用对象约束语言（object constraint language, OCL）。OCL 允许我们事先指定操作必须满足的不变量（invariants）和前置条件（preconditions）与后置条件（postconditions）。以行进为例，我们想要指定 AUV 永远不会撞到障碍物。控制器有两个属性——障碍物（obstacles）和区域（area），它们都包含一系列点集，表示检测到的障碍物，以及 AUV 当前覆盖的空间区域（未指定如何计算这两个属性）。在 OCL 中，安全的不变量形式化如下：

context Controller
inv safe: **self**.obstacles→forAll(o|**not self**.area→ contains(o))

这个语句描述的是区域内没有障碍点，可以等价地将其表述如下，说明这两个集合不相交。

context Controller
inv safe: area→intersection(obstacles)→isEmpty()

这个不变量要求控制器所有方法的实现都要有证明义务（proof obligation），即保持该不变量。这意味着 AUV 永远不会撞到检测到的障碍物。

为了更详细地指定动态行为，可以使用活动图（activity diagrams）或状态机图

(state machine diagrams)。活动图是流程图，通过元素扩展模拟并发和分布式系统。状态机图（UML 中称为状态图）是一个描述状态机层次的符号。这两个图的优点在于，可以给它们一个形式化语义，从而在这个层次上检验属性（如没有死锁），并且可以根据它们生成代码，这将自动满足在图表的更抽象的层面上被证明的属性。不过在描述更复杂的算法时，这可能是一种相当麻烦的方式。

现在已经描述了系统的结构和动态行为，因此接下来的问题就是如何在硬件和软件层面验证它。

硬 件 验 证

硬件验证和软件验证的主要区别在于硬件在制造后不能更改，因此需要在制造前进行验证。因此，硬件行业对验证的重视程度要远大于软件行业，而且随之而来的成熟工具也越来越多。

证明硬件组件的正确性是计算机科学中一个得到确认的领域，存在许多方法可用来证明系统是否按预期工作。这些电子设计自动化（electronic design automation，EDA）方法可分为以下三类。

在**模拟**（simulation）中（参见文献[1]），系统输入被明确分配，并在系统模型中被传送。然后，将输出与预期值进行比较。该技术非常成熟，得到了所有主流 EDA 公司的大力支持。模拟易于应用，是一种计算复杂度低且非常直观的方法。然而，要穷尽所有输入模式实际上是难以处理的，对当代系统的模拟无法获得足够的覆盖率，因此模拟通常仅用于覆盖被认为最关键的特定场景。

仿真（emulation）（参见文献[2]），在预定芯片的原型中直接实现仿真，从而利用了硬件的计算能力。EDA 工具供应商在这方面也提供了很好的支持。一旦系统功能的原型得以实现，例如在类似的专用硬件（如处理器）或可编程硬件设备上可用，就可以应用仿真。虽然这允许几个数量级的加速，但详尽的仿真面临与模拟相同的问题，也就是说使用这种方法通常无法实现 100% 的覆盖。

最后，**形式化验证**（formal verification）（参见文献[3]），在数学上考虑该问题，使用逻辑公式模拟规范和电路，并使用复杂的求解引擎和证明方法证明芯片是正确的。这保证功能的正确性是 100%，但可扩展性仍然是一个问题；目前形式化验证只能应用于相当小的电路和系统。

所有的验证方法都存在复杂度的问题，因此要么系统的功能没有得到完全的验证，要么验证工作需要花费大量的精力。对于标准组件（如微控制器），可以提供经过验证的版本（认证可用性达到指定的安全完整性等级），但对于小批量生产的硬件或定制化的硬件（如 FPGA），情况就不同了。

在这里，本文作者在研究中提出了自我验证的范式，系统部署后在现场中验证自己的功能。这使得可以有更多的时间来进行验证，特别是将运行的背景考虑进去，可以有更多的信息用于验证。初步的结果表明，通过这种方式，以前无法验证的系统现在可以被证明是正确的[4, 5]。

程 序 验 证

证明程序的正确性可以追溯到艾伦·图灵（Alan Turing）、霍尔（Hoare）和弗洛伊德（Floyd）的工作，他们开创性的工作开拓了这个领域。最初，程序正确性被表示为霍尔三元组（Hoare triple）表达式$\{P\}\ c\ \{Q\}$，其中P和Q是状态谓词，c是程序。最近的方法更倾向于使用统一的概念，在这里我们用一个谓词表示两个状态，一个表示程序c运行之前的状态，另一个表示程序c运行之后的状态。为了验证程序满足这些正确性条件，要么象征性地描述程序的计算（正向推理），要么应用规则将正确性条件减少到重言式（tautology）（反向推理）。正向推理和反向推理都需要使用不变量（invariants）手动注释循环。它们将一个带有正确性条件和不变量注释的程序简化为一组状态无关命题，被称为验证条件（verification conditions），必须证明这些命题才能表明程序是正确的。

验证条件在大多数情况下是简单和易于证明的，因此自动证明技术［包括全自动证明器（fully automatic provers）和交互式定理证明器（interactive theorem provers）］已被应用于程序验证，以处理大规模和大部分的技术证明。这些方法的注释源代码如下：

```
/* @
requires \valid(out) && \ array (ps,ps_len)
ensures \forall int i; 0 < i < ps_len =⇒
out->x < ps[i].x &&
(out->x = ps[i].x =⇒ out->y ≤ps[i].y )
assigns out->x, out->y
*/
void select_min_xy(Point *ps, int ps_len, Point *out);
```

注释将函数select_min_xy的行为指定为一个协议：前提条件requires（要求）out是一个有效的指针（即指向可以从中读取指针的位置）并且ps是一个长度为ps_len的数组（即ps+i是$i = 0,1,\cdots,n-1$时的有效指针）；后置条件ensures（确保）out中返回点的x分量小于或等于ps中所有点的x分量，且其y分量小于ps中那些x分量相等的点的任何y分量。几何上，这指定了out是ps中最左下的点（在上述形式中，没有表达出的必要条件是：out实际上是ps中的点之一），规范还指出它只修改out指向的x和y分量（assigns）。这称为框架条件（这点在C语言中至关重要，否则就无法确定该函数不会更改全局状态的其他部分）。

像 Frama-C/Why3、VCC/Boogie 或 SAMS tool[6]之类的工具将此类注释简化为验证条件，然后使用自动或交互式定理证明器进行验证。这种方法的成功案例包括对虚拟机管理器（hypervisor）、C 编译器[7]或操作系统内核[8]的验证。在本文作者的工作中，已经形式化验证了一个自主机器人的控制算法，将在"机器人算法验证的案例研究"一节中详细讨论这一点。

设 计 算 法

在实践中，前一节中回顾的程序验证技术可以处理中等规模的程序，但是在典型的 AUV 中，对于至关重要的安全功能，我们需要使用更为复杂的算法：例如对于路线规划，需要保证 AUV 始终能够返回其充电舱，不会在海上（或水下）无力漂流。大多数此类相关问题在计算上是难以处理的，也就是说，如果 $P \neq NP$，不能期望有效地找到最优解（在多项式级时间复杂度内），这是一个在复杂性理论中被广泛认可的假设。对计算资源非常有限的水下应用来说，有效性至关重要，因此不得不求助于具有数学保证的次优解决方案，在最坏情况下保证解决方案的质量。

这样的算法可能相当复杂，因此不容易进行形式化验证。而没有形式化验证，就不能保证它们在所有情况下都能给出正确的解决方案。对于不能确保解决方案是正确的情形，算法设计提供了作为黑盒的解决方法。要降低验证问题的复杂性，研究需要转变视角。寻找解非常复杂（且需要超多项式级时间复杂度），但是存在有效的（多项式级时间复杂度）方法来检查给定解的正确性。为了验证复杂的算法，需执行以下操作：检查已找到的解，并验证检查过程，而不是验证对解的搜索方案（这比对解的搜索简单，因此更容易实现和验证）。这给算法设计者带来了额外的任务，因为他们不仅需要设计一种算法来搜寻解，而且还要设计一种检查解的正确性的方法。这些算法称为认证算法。

最坏情况下也严格保证的算法

最坏情况保证（worst-case guarantees）是算法性能最严格的衡量标准。在这里，要求针对所有（可能是无限多个）可行的输入实例，计算一个解与最优解的最大相对偏差。在 AUV 中，如此严格的性能要求对于保证功能至关重要。

对于与水下系统相关的各种问题，诸如调度、匹配、资源管理以及最优路径和探索等，算法有效性和相似度算法的研究领域为这些问题的最坏情况保证提供了强大而有效的方法。本文作者也在不确定输入参数的背景下为此类算法的开发做出了贡献，例如在线和随机调度[9-11]、周期和实时调度[12, 13]以及最优路径和探索算法[14, 15]。

在过去的二十年里,能量和温度管理成为现代计算设备的主要设计约束。这引起了特别是将速度缩放(或频率/电压缩放)作为能量管理的主要技术的研究。Yao 等[16]开创了一系列动态速度伸缩调度的研究,继而研究具有严格期限约束的调度,其目标是最小化能量消耗,参见文献[17]、[18]的概述。其他调度目标,例如最大负载或平均任务完成时间的最小化,也在能量问题下进行了研究[19, 20]。

认证算法

认证算法是一种算法,它为每个输出生成一个证书或证明,表明该输出是正确的,可参阅文献[21]以了解详细的介绍。通过查看(检查)证明,用户可以检查输出是否正确,或者将输出视为错误而拒绝。检查程序应该比产生证明的算法简单几个数量级,因此更适合用于验证技术。

在数学上,给定一个计算函数 $f: X \to Y$ 的算法,该算法的认证算法版本由函数 $f_C: X \to Y \times W$ 和检查函数 $c: X \times Y \times W \to$ Bool 组成。如果 f_C 计算的结果与 f 相同,该结果正确,则检查函数为真,即如果 $f_C(x) = (y,w)$ 和 $c(x,y,w)$,那么 $f(x) = y$。

只有当解被验证为是正确的,用户才不再把程序作为黑匣子使用。早期 Blum 等[22]提出了认证算法。目前已知有 100 多种认证算法(参见文献[23]),并且已经实现了许多教科书级的算法,例如在高效的数据类型和算法库(library of efficient data types and algorithms, LEDA)中就包含很多这样的算法[24]。

示例:搜索几何平面

作为机器人应用的一个例子,例如 3D 激光雷达传感器测量中查找地面的问题,我们可以用数学方式重新表述这个问题:给定一个点集合(激光雷达传感器的测量值)$M \subset \mathbb{R}^3$,由法向量 n 和到原点的距离 $d \in \mathbb{R}$,可确定一个平面 $\theta(n, d)$,这样至少有 ρ 个点与该平面的距离小于 δ:

$$\#\{P \,|\, P \in M, |n \cdot P - d| \leq \delta\} \geq \rho \tag{1}$$

式中,$\#X$ 是集合 X 的基数(或势)。问题是必须同时确定平面和可能属于该平面的测量点的子集。解决此类问题的一种常见方法是最大期望算法:从初始估计开始,然后两步迭代求精,确定哪些点属于平面的当前估计(即哪些点到该平面的距离小于 δ),哪个平面使得属于它的点的数量最大化。这一算法基于概率模型,其测量的点围绕实际平面(由最大期望算法确定)呈正态分布,其产生满足方程(1)的平面的论证使用了相当复杂的随机推理[25]。

反过来,给定一个平面 (n, d),方程(1)很容易检查一组点——只需遍历 M 中的这些 P 点并计算距离 $n \cdot P$。这是我们的检查程序,由该平面提供证明(witness)。

机器人算法验证的案例研究

作为案例研究，本文作者全面审视了自己之前在 SAMS 项目上的工作[26]（自主移动系统的安全组件）。该项目使用高阶逻辑交互式定理证明器 Isabelle[27]，形式化验证了地面车辆自动驾驶碰撞避免算法的 C 语言实现。在这一证明的基础上，算法根据 EN61508-SIL 3 来实现并通过了 TÜV-Süd 的认证。

图 3 显示了该算法提供的安全功能。它将车辆的速度 v 和角速度 ω 作为输入，指定它们的可能取值区间为[v_{min}, v_{max}]和[ω_{min}, ω_{max}]。输出是安全区域（绿色），表示为相对于车辆不同方向的距离数组。该数组可直接与激光雷达距离传感器读数进行比较，如果距离小于代表安全区的距离，则使该车辆停止。图 4 显示了该算法的核心步骤。

图 3 SAMS 演示正在右转弯道驾驶时对移动而言的无碰撞安全区
（编辑注：扫封底二维码查看彩图）
如果安全区内有任何障碍物，AGV［译者注：AGV 为自动导向车（automated guided vehicle）］将停止。
算法的输入是速度和角速度（黄色箭头），指定了可能的取值区间。输出是安全区域（绿色），
表示为相对于车辆不同方向的距离数组。图片来自文献[26]

本文作者形式化证明了以下安全性陈述：如果车辆在相应的输入间隔内有一个真实速度 v 和角速度 ω，并且在下一个循环中开始制动，则其整个车身将保持在计算出的安全区域内。这反过来意味着，如果安全区域处于空闲状态，则车辆在这个循环中可以继续行驶。该安全性陈述基于对车辆制动行为的物理假设。

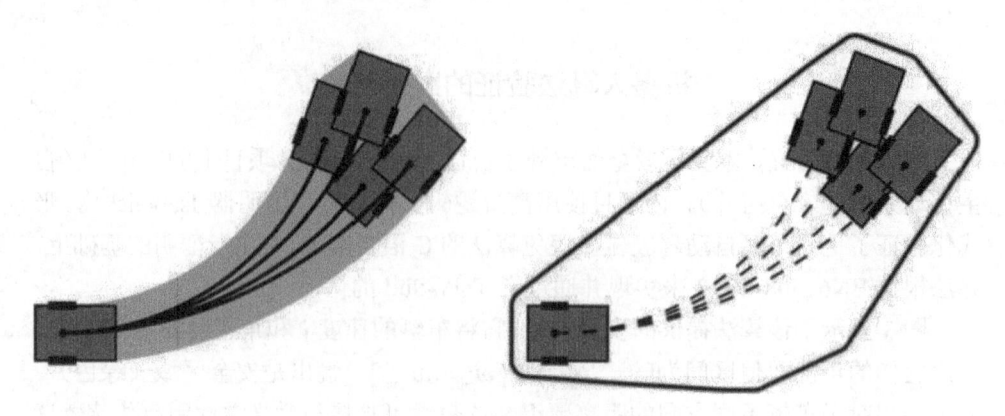

图 4 SAMS 算法的核心步骤[26]
(编辑注：扫封底二维码查看彩图)

对于在输入区间[v_{min}, v_{max}]和[ω_{min}, ω_{max}]中任何速度 v 和角速度 ω，安全区域必须覆盖车辆在所有时刻（制动期间）的所有点。对于这个合集（绿色），计算出四种极端情况的凸包（v_{min}, ω_{min}）、（v_{min}, ω_{max}）、（v_{max}, ω_{min}）、（v_{max}, ω_{max}）（灰色），并添加一个缓冲区形成圆周运动方程中的非线性的边界，即图上那个多边形边界（红色）。

遇到的挑战

上述证明包含许多本文作者认为是机器人软件典型的挑战。

（1）指针别名（pointer aliasing）：与许多命令式编程语言一样，C 语言允许不同的名称引用相同的内存位置。因此，断定在一个赋值后其他一切都保持不变是非常重要的（non-trivial）。关于程序实现的证明很大一部分是在推断这种框架条件（frame conditions）。

（2）不确定性（uncertainty）：测量的数量总是不确定的，需要将其考虑在内，在 SAMS 示例中作为可能取值的区间。

（3）几何和物理（geometry and physics）：机器人算法通常解决几何或物理问题，证明它们的正确性需要大量的域定理（domain theorems）。例如，对于 SAMS，需要凸集理论和刚体变换理论。

（4）域定理（domain theorems）：通常几何和物理的考虑因素归结起来为衍生的域定理。在定理证明器中证明这些可能非常困难，即使对人类工程师来说看起来很简单的计算也是如此。对 SAMS 来说，以图 4 为例，一个公式提供了图中四个极值(v, ω)的凸包与所有(v, ω)的真实曲线集合之间的距离的边界。它本质上是一个非线性函数和函数上连接两点的线段之间差异的边界。

为了应对这些挑战，本文作者使用了交互式定理证明器 Isabelle，用户必须在其中编写应用了一系列证明策略的证明脚本。开发这些脚本花了 30 个人·月，这是相当大的工作量，而且很多时间都花在了相当乏味的部分上，尤其是关于指针别名和公式的部分。未来可以通过为此任务开发专门的证明策略来改进这一点。

但是，应该指出，这些挑战背后的主要原因是这种形式化方法不允许走任何捷径，每一个用例和假设都必须得到处理。这种令人难以忍受的细节水平会导致更多的工作，但也会对结果产生更高程度的信心。

更多的挑战

虽然本文所选择的算法是一个现实的和重要的例子，但典型的机器人软件还包含一些在这里没有发生的挑战。

（1）有限精度（finite precision）：int 和 float 被抽象为 $\mathbb{Z}$ 和 $\mathbb{R}$，因此证明（proof）不包括溢出和浮点运算这两个特别困难的挑战。虽然溢出基本上可以通过抽象解释自动处理，但浮点运算不容易处理。

（2）规模（size）：该算法有 2804 行代码，对机器人技术标准来说算很小规模的。

（3）学习（learning）：据本文作者所知，没有方法可以形式化验证基于机器学习或神经网络的算法。

（4）不可形式化的任务（non formalizable tasks）：机器人技术中有许多不可形式化的任务，最重要的例子是图像中的目标识别，其中主要的挑战是人们无法用数学方法定义给定目标将如何在图像中显示。

结论：水下机器人中的验证

我们思考的出发点是，验证和严格保证（hard guarantees）对水下机器人来说是至关重要的。幸运的是，可以使用很多方法和工具来帮助我们完成工作，正如我们在前面所展示的那样。

但是单单验证是不够的——还需要确保规范本身是正确和充分的。这个问题称为校验（validation），是对验证（verification）的补充。例如，如何指定可能的障碍？这需要有一个障碍物的最小尺寸，否则每一个微小的海藻都可能成为无法逾越的障碍。此外，障碍物的规格还需要加入用于检测它们的传感器中。例如，激光雷达传感器通常测量点云，如果只是将障碍物指定为点云，那么使用激光雷达扫描仪很容易实现障碍物的检测，但最小障碍物的尺寸说明就不容易实现。

安全攸关系统是指其不正确的功能或者失效会导致人员伤亡、财产损失等严重后果的计算机系统。典型的开发安全攸关系统的过程模型要求采用结构化的过程，从一系列安全需求出发，在实现之前分解为模块和功能级别的规范，并在所有级别都有 V&V（验证和校验, verification and validation）过程[28]。业界有许多针对安全攸关系统的既定开发流程，特别要提及的是用于航空系统的 DO-178B 规范，该规范也用于航天领域。如果真的认为水下与太空类似，应该斟酌人们希望在多大程度上将这种开发过程应用于水下系统软件开发领域，要记住，使用这种开发模型将会增加时间和成本。

更一般地说，机器人软件通常使用启发式的（heuristic）、概率式的（probabilistic）或亚符号的（subsymbolic）技术（人工智能），这些技术很难验证，有时甚至一开始就很难说明（如图像识别）。因此，需要选择符合形式化规范和验证的"最佳点"（sweet spots），并设计我们的系统，以便在理想的情况下，这些可验证的子系统可构成系统的一个可操作部分。例如，可以将 AUV 控制器设计为下位控制层，以保证没有转向命令导致机器人撞到障碍物，本文作者对此进行了形式化验证；此外，还有一个上位控制层，它通过给下位控制层传递转向命令来实现避障，并不需要验证它，因为如果它生成的命令会导致机器人撞到障碍物，下位控制层将会阻止该命令。与可验证方式设计系统的这个问题密切相关的是可验证方式设计算法，即为机器人领域设计具有严格保证和认证算法的有效算法。

总的来说，本文作者相信验证能够并且将会在开发安全可靠的水下机器人系统方面发挥重要作用。

参 考 文 献

[1] Le H M, Große D, Herdt V, Drechsler R (2013) Verifying System C using an intermediate verification language and symbolic simulation. In: Design automation conference, pp 1-6

[2] Koczor A, Matoga L, Penkala P, Pawlak A (2016) Verification approach based on emulation technology. In: International symposium on design and diagnostics of electronic circuits & systems (DDECS), pp 169-174

[3] Kühne U, Beyer S, Bormann J, Barstow J (2010) Automated formal verification of processors based on architectural models. Form Methods Comput Aided Des 9:129-136

[4] Lüth C, Ring M, Drechsler R (2017) Towards a methodology for self-verification. In: Khatri S (ed) 6th International conference on reliability, infocom technologies and optimization (ICRITO 2017)

[5] Ring M, Bornebusch F, Lüth C, Wille R, Drechsler R (2019) Better late than never: verification of embedded systems after deployment. In: Design, automation and test in Europe. Florence,Italy. IEEE

[6] Lüth C, Walter D (2009) Certifiable specification and verification of C programs. In: FM 2009: Formal methods, Lecture notes in computer science, vol 5850. Springer, pp 419-434

[7] Leroy X (2009) Formal verification of a realistic compiler. Commun ACM 52(7): 16-17

[8] Klein G (2010) The L4. Verified project: next steps. In: Proceedings of the third international conference on verified software: theories, tools, experiments, VSTTE'10. Springer, Berlin, pp 86-96

[9] Chen L, Megow N, Rischke R, Stougie L (2015) Stochastic and robust scheduling in the cloud. In: Proceedings of APPROX, LIPIcs, vol 40. Schloss Dagstuhl-Leibniz-Zentrum für Informatik, pp 175-186

[10] Chen L, Megow N, Schewior K (2018) An O (log m)-competitive algorithm for online machine minimization. SIAM J Comput 47(6):2057-2077

[11] Megow N, Uetz M, Vredeveld T (2006) Models and algorithms for stochastic online scheduling. Math Oper Res 31(3):513-525

[12] Bonifaci V, Chan H L, Marchetti-Spaccamela A, Megow N (2012) Algorithms and complexity for periodic real-time scheduling. ACM Trans Algorithms 9:601-619

[13] Bonifaci V, Marchetti-Spaccamela A, Megow N, Wiese A (2013) Polynomial-time exact schedulability tests for harmonic real-time tasks. In: Proceedings of RTSS. IEEE, pp 236-245

[14] Megow N, Mehlhorn K, Schweitzer P (2012) Online graph exploration: new results on old and new algorithms. Theor Comput Sci 463:62-72

[15] Megow N, Skutella M, Verschae J, Wiese A (2016) The power of recourse for online MST and TSP. SIAM J Comput 45:687-700

[16] Yao F F, Demers A J, Shenker S (1995) A scheduling model for reduced CPU energy. In: Proceedings of the 36th annual symposium on foundations of computer science (FOCS 1995), pp 374-382

[17] Albers S (2010) Energy-efficient algorithms. Commun ACM 53(5):86-96

[18] Irani S, Pruhs K (2005) Algorithmic problems in power management. SIGACT News 36(2):63-76

[19] Bampis E, Kononov A, Letsios D, Lucarelli G, Sviridenko M (2018) Energy-efficient scheduling and routing via randomized rounding. J Sched 21(1):35-51

[20] Megow N, Verschae J (2018) Dual techniques for scheduling on a machine with varying speed. SIAM J Discret Math 32:745-756

[21] Alkassar E, Bohme S, Mehlhorn K, Schweitzer P (2011) An introduction to certifying algorithms. IT-Inf Technol 53:287-293

[22] Blum M, Kannan S (1995) Designing programs that check their work. J ACM 42(1):269-291

[23] McConnell R M, Mehlhorn K, Näher S, Schweitzer P (2011) Certifying algorithms. Comput Sci Rev 5(2):119-161

[24] LEDA (Library of Efficient Data Types and Algorithms) (2019). www.algorithmic-solutions.com

[25] Thrun S, Martin C, Liu Y, Hahnel D, Emery-Montemerlo R, Chakrabarti D, Burgard W (2004) A real-time expectation-maximization algorithm for acquiring multiplanar maps of indoor environments with mobile robots. IEEE Trans Robot Autom 20(3):433-443

[26] Täubig H, Frese U, Hertzberg C, Lüth C, Mohr S, Vorobev E, Walter D (2012) Guaranteeing functional safety: design for provability and computer-aided verification. Auton Robot 32:303-331

[27] Nipkow T, Paulson L C, Wenzel M (2002) Isabelle/HOL: a proof assistant for higher-order logic, vol 2283. Lecture notes in computer science. Springer

[28] Smith D, Simpson K (2004) Functional safety, 2nd edn. Elsevier

人机直观协作的交互式战略任务管理系统

埃尔莎·安德烈娅·基希纳，哈根·朗格尔，米夏埃尔·贝茨

Elsa Andrea Kirchner, Hagen Langer and Michael Beetz

摘要 为了实现人类操作员和机器人队伍之间协同式任务规划与任务协调，需要新型合作接口。本文作者提出了一个交互式战略任务管理系统（interactive strategic mission management system, ISMMS），用于由机器人和人类研究人员组成的混合团队进行的水下探索，以实现人类操作员和机器人队伍之间协同式任务规划以及协调。ISMMS 的主要目标是使机器人能够以直观的方式快速向人类"解释"它们的意图、问题和情况，实现机器人自主行为和人类控制之间的无缝融合，为强制性外部控制提供智能接口，实现自适应任务共享，同时能根据直观使用和交互过程中对人类行为和生理数据的测量进行优化。

引　言

将外部传感器所构建的分布式传感器、网络与计算、控制和机械融合在一起的自主系统定义为信息物理系统[1]。信息物理系统在动态和复杂的活动中常表现出很高的能力，其表现往往优于人类，尤其是在恶劣的环境中，或者当人类的感知和行动在水下受到限制时；但是人类比自主系统能更好地处理歧义、不完整的

E. A. Kirchner（通信作者）

RIC and Robotics Lab, DFKI GmbH and University of Bremen, Robert-Hooke-Strasse 1, 28359 Bremen, Germany（机器人创新中心和机器人实验室，德国人工智能研究中心和不来梅大学，罗伯特-胡克街 1 号，不来梅，德国，28359）

e-mail: elsa.kirchner@dfki.de

H. Langer, M. Beetz

Institute for Artificial Intelligence, University of Bremen, Am Fallturm 1, 28359 Bremen, Germany（不来梅大学人工智能研究所，落塔街 1 号，不来梅，德国，28359）

e-mail: hlanger@uni-bremen.de

M. Beetz

e-mail: beetz@cs.uni-bremen.de

© Springer Nature Switzerland AG 2020

F. Kirchner et al. (eds.), *AI Technology for Underwater Robots*,

Intelligent Systems, Control and Automation: Science and Engineering (ISCA, volume 96),

https://doi.org/10.1007/978-3-030-30683-0_16

模型和错误的数据[1]。相对于人类和技术之间的分布式或混合的智能体来说，人类整体上具有更高的灵活性[2, 3]。要将高度敏捷的自主系统和拥有出色智能的人类的这些能力结合起来，需要开发直观的双向接口[4]，从而支持自然任务（natural tasking），实现队友行为透明度的机制和通常的对话状态跟踪（common belief states）。这种接口将应用于例如一组或多组 AUV 以及能够在海底行走并在水下进行长期任务的机器人（如监测和探测海底的深海底栖或浅水底栖生物），或在水体里或靠近水面的机动作业。这种接口的开发需要新的解决方案，这开辟了一个充满研究问题和挑战的广阔领域。

人类和机器人之间交互的一个重要目标是为人类研究员提供关于环境情况和机器人系统的快速且易于理解的概述以实现直观的沟通。机器人需要具有"认知能力"，也就是 Brachman（布拉赫曼）所要求的"知道自己在做什么"（译者注：Ronald J. Brachman，计算机科学教授，研究基于描述逻辑方法的知识表示系统）。而且，必须确保获得机器人系统对人类的反馈，特别是在操作员的干预可能会降低自主性能的情况下。这一点非常重要，因为人为干预具有一定程度阻碍任务计划成功执行的风险。接口应该向人类提供关于人为干预的可能后果的反馈。更何况在机器人系统可能需要操作员帮助的情况下，反馈与后续操作具有高度相关性。为了实现丰富且易于理解的信息流，接口应利用基于真实传感器数据的 4D 环境模型，包括受监测水团和栖息地中生物的丰度和个体大小-频率分布的变化。基于接口的虚拟现实在这里具有很高的相关性，因为它们让用户沉浸在情境中，如果与模拟相结合，甚至可以在传感器数据不佳的时候（即能见度低[5, 6]的情况）洞察周围情况。结合适当的交互工具，人机交互不仅变得直观，而且会减少交互错误[7]。同时，这些接口应使专家能够在需要时进行干预，甚至可以轻松地接管控制。

在开发实现这一密集交互强度的复杂多模态接口时，必须确保防止操作员的认知超负荷[4]。这对于充分利用机器人系统持久运行和可预测的能力以及人类处理歧义、不完整模型和错误数据的杰出能力至关重要[1]。虽然很容易理解必须避免认知超负荷，但测量人类的认知超负荷并不简单，因为深入研究很早就表明，一方面多种资源使人脑能够非常有效地处理和分配工作负荷，而另一方面，例如相同模式的特定任务可能会迅速耗尽可用资源[8, 9]。

虽然在设计接口时必须考虑已获得的知识，但必须强调的是接口的适应性与应对用户的心理、认知负荷或注意力的变化高度相关。实现在线适应性必须找到对这类变化的在线度量。在这里，心理生理性数据是一个不错的选择，因为它可以在不需要用户主动表达的情况下长久洞察人类状态[10]，特别是对于观察嵌入到其他人类或系统数据中的大脑活动，以及实现嵌入式大脑阅读[11]的交互情境，心理生理性数据提供了一种方便且适用的方法，为根据大脑的活动而了解人类的思维打开了一扇窗[12]。因此，通过脑电图（electroencephalogram, EEG）记录的大脑活动可以用于改善离线的和在线的交互接口[4]。

除了所描述的自适应 VR 工具的支持外，当接口与知识表示和推理系统密切关联时，它只能通过之前提到的方式支持任务规划。这样的知识库系统支持的目标包括：规定水下任务的总体目标及其子任务、装备选型（基本 AUV 类型、特定任务的配置和参数设置）、目标的优先级、子任务在团队成员上的分布、故障处理，等等。基于所连接的知识库，系统可以通过提供例如一致性检查来支持任务规划。然而，当人工干预需要调整任务计划时，这样的接口必须能够适应正在运行的长期任务的上下文背景和变化。总之，要开发接口实现交互式战略任务管理、自适应在线任务规划、问题和故障处理策略、人机团队的原型交互模式、轻量级模拟和智能人机接口，就需要以最优的方式支持不同层次的自主性。

长期水下任务的知识表达和推理

通过新型的知识表达和推理（knowledge representation and reasoning, KRR）框架提高了实现自然任务（natural tasking）和"知道它们在做什么"的能力，该框架使自主水下机器人能够在海洋生物学长期科学任务中扮演科学助理（潜水员）的角色。KRR 框架必须能够表示机器人及其能力、包含动植物在内的水下生态系统、研究任务以及海洋科学教科书和其研究知识，包括来自图 1 的研究数据服务的数据（如 Pangaea）。执行海洋科学任务对自主机器人智能体的 KRR 能力提出了一系列独特的挑战：

（1）关于水下生态系统的长期演变的表达和推理，包括动物的行为和种群。

（2）将海洋科学中的抽象和专业知识融入水下机器人感知动作循环中。

（3）将观测结果转化为机器可理解的水下生态系统时空模型中。

（4）从水下生态系统的时空模型中挖掘研究假设，并提出观测任务以收集调查证据。

（5）水下研究任务的知识管理和自主长期执行。

该 KRR 框架将建立在对已观测的生态系统详细的、机器可理解的数字化复制之上，本文将其称为数字孪生知识库（digital twin knowledge bases, DTKB）[13]。可以将 DTKB 想象为生态系统的（写实的）拟真动画，其中每个动画的植物、动物和区域都有一个符号名称，并结合海洋科学百科全书中的本体论和背景知识。百科全书知识、教科书知识以及相关的研究数据由海洋科学家提供并在概念上组织起来形成体系，他们还将支持创建拟真的生态系统动画。第二个研究挑战是将现有的研究数据源建模为语义网络知识库，以便使用符号推理和机器学习方法自动化地开展数据服务的工作[14]。

可以基于 KnowRob 知识表达和推理系统构建 KRR 框架[15]。据本文作者所知，

KnowRob 是使用最广泛的机器人智能体（robotic agents）知识系统。该框架新的扩展包括称为 KnowRob2 的理性重构以及对基于游戏引擎的知识表达和推理的扩展[13]。Sherpa 项目进行了首次探索性的研究，再现自然户外环境，并将地理信息系统中的信息整合到机器人知识表达中，研究了机器人与人类的混合编组用以搜索雪崩后的受害者[3]。Sherpa 项目中对底层知识库的稳健性和灵活性的要求与一直讨论的长期水下任务场景中的要求相似，包含在未知环境中行动的能力，以及处理对常规的机器人感知程序来说极端困难环境的情况。与 Sherpa 高山救援场景类似，知识库必须支持异构团队成员之间的复杂交互，每个团队成员具有不同的能力和任务角色。由于时间和带宽限制，任务期间通信受限是上述两种场景都存在的问题。

也可以基于 openEASE 构建 KRR 框架[14]——一种基于 KnowRob 开放式获取的网络知识服务（图 1）。openEASE 特别有助于使用基于逻辑的查询语言来访问知识库。它提供了知识库内容的各种可视化，包括机器人的 3D 可视化、它们的环境、它们执行的轨迹，以及用于显示不同事件之间时间关系的区间逻辑层（interval logic layer）。此外，openEASE 带有对数据中更抽象的统计模式的标准可视化，以及用于从/向其他知识库（KB）导入和导出知识的接口。openEASE 还将作为机器人知识库和人类操作员之间的接口，它也支持机器人之间的直接知识交换[16]。

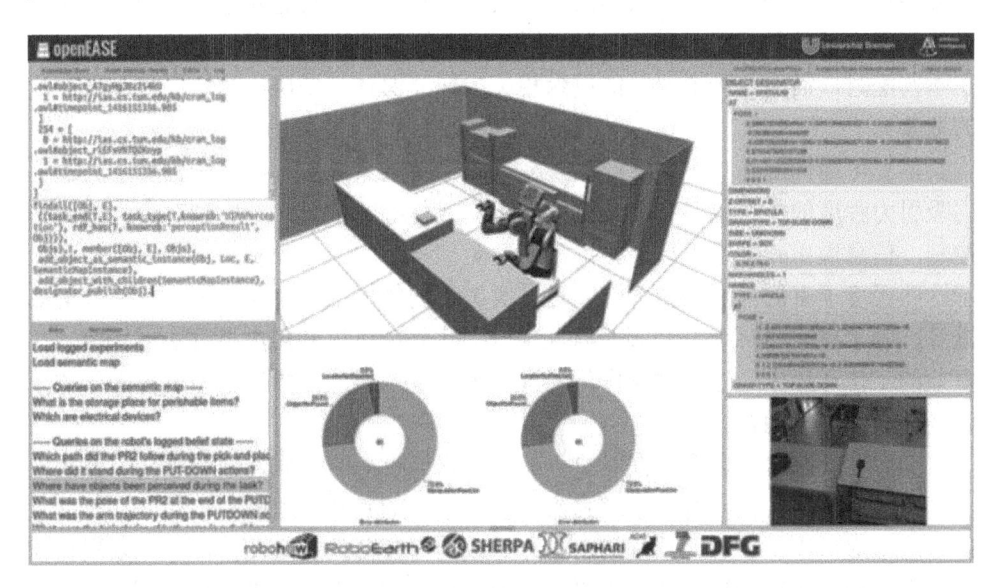

图 1 openEASE 是一个基于网络的知识服务，提供机器人和人类活动数据

（编辑注：扫封底二维码查看彩图）

它包含语义标注的原始数据，提供强大的查询语言和推理引擎以及可视化工具

通过嵌入式大脑阅读对基于 VR 的直观交互进行优化

虽然人类在互动和决策方面非常敏捷，但众所周知，人们的工作记忆能力有限[17]，并且分配注意力的能力也非常有限，这通常会产生注意力管窥（tunneling，隧道视野，专注于某一事物而忽略其他事物）[18]和情境感知能力的缩小。因此，有理由合理地假设，由 KRR 框架所呈现的机器人环境的复杂且高度可变的表达会在人类操作者中引起压力。压力可能源于焦虑、时间压力、心流或信息溢出，所有这些都会影响人类的决策。由于这些原因，人们要进一步开发接口，它应该是：

（1）透明的，也就是说，使人类能够轻松和显著地洞察系统参数和环境变化之间复杂的相互作用。

（2）在环境和系统的约束下，能够根据用户驱动的快速变化来对目标进行灵活响应。

（3）适应人类的精神或情绪状态。

（4）对人为干预的可能后果，向人类提供易于理解的反馈。

虽然准确的信息和态势感知对于任务的成功至关重要，但当 KRR 收集的复杂动态信息的表达呈现给系统操作员时，必须能够指导和支持他的决策过程和态势感知，这个支持对他是透明的，不会导致认知超负荷。为了实现这一点，需要考虑某些设计参数来支持高层次的问题解决活动和提高态势感知[19-21]，同时还能够访问低层次的特征或较低层次的抽象[1]。当操作员的内部模型和外部表达之间存在不匹配时，后面一种情况可能更为相关（即能够访问低层次的特征或较低层次的抽象）。

信息可用性的增加带来了一些挑战。一个复杂系统或一组系统提供了大量不同吸引力程度的信息以及有关所执行的工作或任务的信息，考虑到对这些系统的控制，信息溢出几乎是无休止的。为了避免信息溢出，必须制定策略来确定和显示这些极度丰富的信息的相关性。可以实施不同的方法来避免认知超负荷，例如过滤、暗示策略[22]或警报以及反馈策略[1]。此外，可以利用虚拟现实（VR），在复杂的工作环境中通过增强操作员的沉浸感和现场感，在操作员和远程操作的系统之间建立深度融合。

VR 可以通过整合系统收集的和周围传感器收集的数据，以有意义的方式向操作员显示这些数据，有助于增强操作员对系统的感知、理解和预测。它可能最适合用于提供周围环境、系统状态、计划或当前任务的实时图像，并可以根据需要提供对现场情况的详细和高水平的洞察。VR 可以作为人类认知与系统自动化和控制之间的媒介，与那些通常会远超用户注意力的复杂的数据交互，突出强调请求交互需求的动作相关性，并就智能规划所支持的人为干预的可能后果向人类提供易于理解的反馈。

针对用户的心理状态，通过上述方法和应用人类认知系统模型，只可能对 ISMMS 进行部分优化，因为人类认知系统的模型很少而且难以转化为基于 VR 接口的规范。相反，我们还应考虑选择一种实验性的方法，通过测量压力源从而识别该接口的弱点。可以使用机器学习方法[23,24]，识别与心理状态[25]相关的人类行为模式，例如头部姿势[26]、凝视方向[27]或面部表情[28]，以确定例如疲劳水平[29]、压力、无聊、沮丧、兴趣或困惑[30]。对行为数据的研究结果表明，多模态方法优于单一模态的使用，不过对这一发现的深入分析仍然很少[1]。

除了外显的行为数据外，大脑活动也是深入了解人类状态的一个很好的来源。多个研究工作分析了对主体（受试者）认知状态的评估。例如，已经证实人类脑电图可以反映心理负荷[31]。可以观察到，脑电图模式随心理状态的变化而不同。当心理负荷增加（如多任务处理）时，事件相关电位（event related potential, ERP）P300 的振幅会降低[32]。在脑电图频带中也观察到心理负荷水平变化而引起的变化，例如，在大多数研究中，当增加心理负荷时，alpha（α波）会减少，theta（θ波）会增加[33]。其他研究表明，alpha、beta（β波）和 theta 活动的变化与用户疲劳有关（如精神疲劳增加时 alpha 和 theta 功率增加）[34]。此外，可以从脑电图活动中评估操作者的压力水平[35, 36]，甚至情绪状态也可以根据脑电图信号被检测到[37-39]。

虽然外显的行为数据更容易测量收集，但内隐的生理数据，如脑电图，可以恒定地了解人类状态，这与调整接口以实现优化人机协作是最相关的。例如，认知状态提供了额外的信息，这些信息有利于接口、机器或计算机程序的适应或控制。不仅是因为这个原因，而且是为了更好地理解和描述交互的背景，明智的做法是将内隐的数据和外显的数据结合起来，增强对人类思想的洞察，在特定情况下更好地支持人类。出于这个原因，研究人员开发了嵌入式大脑阅读（embedded brain reading, eBR）[11]，它可以在线预测人类的心理状态（图 2）或即将到来的意图[40]。本文作者希望应用 eBR 不仅可以优化待开发的 ISMMS 的透明度，避免用户承受不必要的认知或情感负载，还可以在线评估哪些任务对人类的要求很高，一方面这些任务可以更好地得到交互系统的支持[41]，另一方面这些任务必须引起操作者的注意，以避免由压力源造成的人类错误决策。

此外，误差相关电位（error related potentials, ErrPs）应该用作人类隐式反馈，可以基于学习方法（如强化学习）[42]来改善机器人的行为。事实上，作为人类反馈的 ErrPs 在机器人学习中非常有价值。特别是在复杂的任务情形下，描述整个机器人的情况（行为和环境）并提前考虑所有可能的意外情况并不总是那么容易的。因此，在这种复杂任务情况下，很难或不可能指定强化学习中的奖励函数。而 ErrPs 本质上是在人脑中诱发的，无须对情况进行明确的评估。最近的一项研究中，基于手势的机器人控制展示了现实世界机器人成功地应用 ErrPs 的在线使用，其中真实的机器人不仅学习手势，还学习其行为策略（控制策略），即手势和动作之间的实时映射[43]，这是通过在强化学习中利用内在诱发的人类反馈（如ErrPs）来实现的。

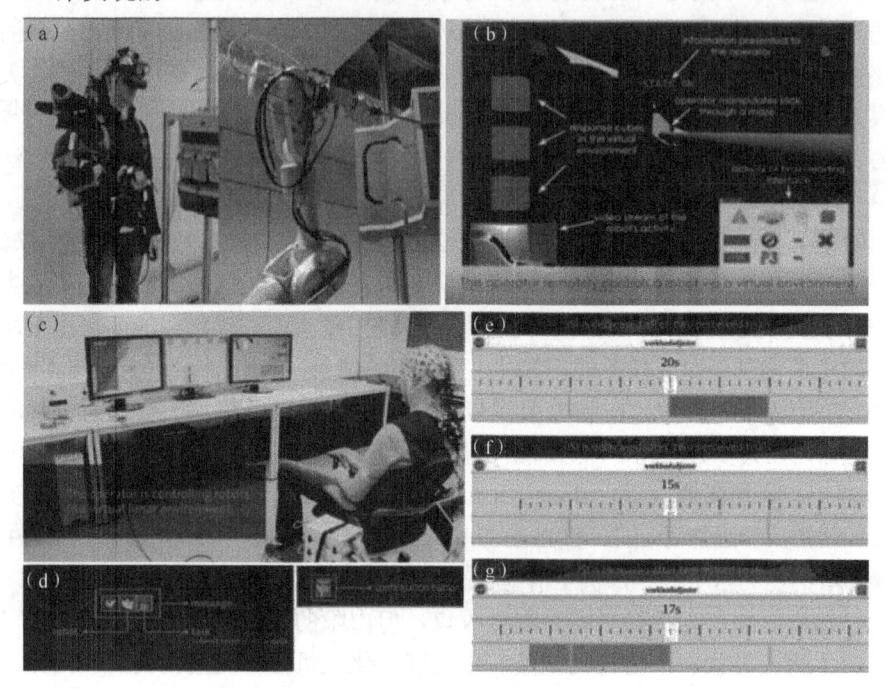

图 2　基于 VR 接口的两个示例

（编辑注：扫封底二维码查看彩图）

基于 VR 接口由 eBR 在线调控的两个示例由 eBR 在线改编：（a）机械臂支持下的真实远程控制操作。（b）为用户提供 3D 信息的 VR 环境，能够在机器人控制和响应警告或其他信息之间切换，而 eBR 则会推断任务投入情况，以及当警告被识别时，操作员是否会对它们做出响应。如果 eBR 推断出操作员识别出警告，将允许提高响应时间。（c）基于 VR 的多机器人团队远程操作接口。（d）信息以易于识别的符号方式呈现。通过对机器人图形表示的响应，接口检查对任务的正确理解，并直接将选择的机器人显示在中央屏幕上，作为操作员关注的焦点。（e）此时 eBR 推断出操作员任务参与度较高。（f）警告之间的时间（刺激间隔，inter stimulus interval, ISI）减少。（g）如果 eBR 推断出任务投入减少，警告之间的时间就会增加

结　论

支持认知和人工智能的机器人控制以及直观的双向接口将是在深海任务中实现人机团队有效任务管理的有前途的方法。本文建议将知识表达和推理框架 KnowRob 作为实现"知道它们在做什么"的机器人控制系统和以自然方式执行任务的机器人的基础工作。这种知识表达和推理框架与领先的接口技术相结合，可根据手头的工作或任务的要求以及 eBR 推导的操作员状态进行调整。根据任务和

操作员请求，通过 VR 技术以直观且易于理解的方式将不同详细程度的信息传送给操作员。两者的结合使操作员能够在 KnowRob 框架支持下，通过 VR 可视化环境随时轻松地了解机器人正在做什么。这加强了人类和机器人系统之间的合作，并支持控制的共享。通过给人们提供人类干预的预测结果的主动反馈，后者还得到了支持且允许人类根据所接收到的可能结果重新考虑干预。因而，ISMMS 不仅可被视为一个用于机器人控制的直观且高效的接口，而且还促进了人机深度合作。

参 考 文 献

[1] Song H, Rawat D B, Jeschke S, Brecher C (2016) Cyber-physical systems: foundations, principles and applications, reprint. Academic Press, Cambridge, MA

[2] Rammert W (2009) Hybride Handlungsträgerschaft: Ein Soziotechnisches Modell verteilten Handelns, in Intelligente Objekte. Springer, Berlin, Heidelberg, pp 23-33

[3] Marconi L, Melchiorri C, Beetz M, Pangercic D, Siegwart R, Leutenegger S, Carloni R, Stramigioli S, Bruyninckx H, Doherty P, Kleiner A, Lippiello V, Finzi A, Siciliano B, Sala A, Tomatis N (2012) The SHERPA project: smart collaboration between humans and ground-aerial robots for improving rescuing activities in alpine environments. In: IEEE international symposium on safety, security, and rescue robotics (SSRR)

[4] Kirchner E A, Kim S K, Tabie M, Wöhrle H, Maurus M, Kirchner F (2016) An intelligent man-machine interface—multi-robot control adapted for task engagement based on single-trial detectability of P300. Front Human Neurosc 10:291. ISSN 1662-5161. https://doi.org/10.3389/fnhum.2016.00291.229, 235, 244, 246

[5] Sonsalla R, Cordes F, Christensen L, Roehr T M, Stark T, Planthaber S, Maurus M, Mallwitz M, Kirchner E A (2017) Field testing of a cooperative multi-robot sample return mission in mars analogue environment. In: Proceedings of the 14th symposium on advanced space technologies in robotics and automation (ASTRA)

[6] Planthaber S, Maurus M, Bongardt B, Mallwitz M, Vaca Benitnez L M, Christensen L, Cordes F, Sonsalla R, Stark T, Roehr T (2017) Controlling a semi-autonomous robot team from a virtual environment. In: proceedings of the companion of the 2017 ACM/IEEE international conference on human-robot interaction (HRI'17). ACM, New York, NY, USA, 417-417. https:// doi.org/10.1145/3029798.3036647

[7] Straube S, Rohn M, Röemmermann M, Bergatt C, Jordan M, Kirchner E A (2011) On the closure of perceptual gaps in man-machine interaction: virtual immersion, psychophysics and electrophysiology. Perception, 40 ECVP Abstract Supplement: 177. 241

[8] Wickens C D (1984) Processing resources in attention. In: Parasuraman R, Davies D (eds) Varieties of attention, Academic Press, pp 63-101

[9] Wickens C D (1992) Engineering psychology and human performance (2nd. ed.), New York:HarperCollins

[10] Gerson A D, Parra L C, Sajda P (2006) Cortically coupled computer vision for rapid image search. IEEE Trans Neural Syst Rehabil Eng. 14(2):174-179

[11] Kirchner E A, Kim S K, Straube S, Seeland A, Wöhrle H, Krell M M, Tabie M, Fahle M (2013) On the applicability of brain reading for predictive human-machine interfaces in robotics. PLoS ONE, Public Library of Science, volume 8, number 12, pages e81732

[12] Coles M G H (1989) Modern mind-brain reading: psychophysiology, physiology, and cognition. Psychophysiology 26(3):251-269

[13] Beetz M, Beßler D, Haidu A, Bozcuoğlu A K, Bartels G (2018) KnowRob 2.0—A 2nd generation knowledge processing framework for cognition-enabled robotic agents. In: International conference on robotics and automation (ICRA)

[14] Tenorth M, Winkler J, Beßler D, Beetz M (2015) Open-EASE—a cloud-based knowledge service for autonomous learning, KI - Künstliche Intelligenz

[15] Tenorth M, Beetz M (2013) KnowRob—a knowledge processing infrastructure for cognition-enabled robots. Int J Robot Res 32(5):566-590

[16] Bozcuoğlu A K, Kazhoyan G, Furuta Y, Stelter S, Beetz M, Okada K, Inaba M (2018) The exchange of knowledge using cloud robotics. Robot Autom Lett 3(2):1072-1079

[17] Baddeley A D (1986) Working memory. Clarendon Press

[18] Endsley M R (2013) Situation awareness. Oxf. Handb. Cogn. Eng

[19] Woods D D (1991) Representation aiding: a ten year retrospective, pp 1173-1176

[20] Jamieson G A (2007) Ecological interface design for petrochemical process control: an empirical assessment. IEEE Trans Syst Man Cybern Part Syst Hum 37(6): 906-920

[21] Burns C M et al (2008) Evaluation of ecological interface design for nuclear process control: situation awareness effects. Hum Factors 50(4):663-679

[22] St John M, Smallman H S, Manes D I, Feher B A, Morrison J G (2005) Heuristic automation for decluttering tactical displays. Hum Factors 47(3):509-525

[23] Whitehill J et al (2011) Towards an optimal affect-sensitive instructional system of cognitive skills 2011:20-25

[24] Kim Y, Lee H, Provost E M (2013) Deep learning for robust feature generation in audiovisual emotion recognition, pp 3687-3691

[25] Dinges D F, Mallis M M, Maislin G, Iv P J W (1998) Evaluation of Techniques for Ocular Measurement as an Index of Fatigue and the Basis for Alertness Management

[26] Murphy-Chutorian E, Trivedi M M (2009) Head pose estimation in computer vision: a survey. IEEE Trans Pattern Anal Mach Intell 31(4):607-626

[27] Hansen D W, Qiang J (2010) In the eye of the beholder: a survey of models for eyes and gaze. IEEE Trans Pattern Anal Mach Intell 32(3):478-500

[28] la Torre F D, Cohn J F (2011) Facial expression analysis. Visual analysis of humans. Springer, London, pp 377-409

[29] Dong Y, Hu Z, Uchimura K, Murayama N (2011) Driver inattention monitoring system for intelligent vehicles: a review. IEEE Trans Intell Transp Syst 12(2):596-614

[30] Banda N, Robinson P (2011) Multimodal affect recognition in intelligent tutoring systems. Affect Comput Intell Interact, 200-207

[31] Borghini G, Astolfi L, Vecchiato G, Mattia D, Babiloni F (2014) Measuring neurophysiological signals in aircraft pilots and car drivers for the assessment of mental workload, fatigue and drowsiness. Neurosci Biobehav Rev. 44:58-75

[32] Scharinger C, Soutschek A, Schubert T, Gerjets P (2017) Comparison of the working memory load in n-back and working memory span tasks by means of EEG frequency band power and P300 amplitude. Front Human Neurosc 11:6

[33] Dasari D, Shou G, Ding L (2017) ICA-derived EEG correlates to mental fatigue, effort, and workload in a realistically simulated air traffic control task. 11, 297

[34] Wascher E, Rasch B, Sänger J, Hoffmann S, Schneider D, Rinkenauer G, Heuer H, Gutberlet I (2014) Frontal theta activity reflects distinct aspects of mental fatigue. Biol Psychol 96:57-65

[35] Pomer-Escher A G, Pinheiro de Souza M D, Bastos Filho T F (2014) Methodology for analysis of stress level based on asymmetry patterns of alpha rhythms in EEG signals. In: Biosignals and Biorobotics Conference: Biosignals and Robotics for Better and Safer Living (BRC), 5th ISSNIP-IEEE, pp 1-5

[36] Fan M, Tootooni M S, Sivasubramony R S, Miskovic V, Rao P K, Chou C A (2016) Acute stress detection using recurrence quantification analysis of electroencephalogram (EEG) Signals. Springer, Cham, pp 252-261

[37] Garcia Molina G, Tsoneva T, Nijholt A (2009) Emotional brain-computer interfaces. In: International conference on affective computing and intelligent interaction, pp 138-146

[38] Hamid N H A, Sulaiman N, Aris S A M, Murat Z H, Taib M N (2010) Evaluation of human stress using EEG power spectrum. In: 6th International colloquium on signal processing and its applications (CSPA), pp 263-266

[39] Aftanas L I, Varlamov A A, Pavlov S V, Makhnev V P, Reva N V (2001) Affective picture processing: event related synchronization within individually defined human theta band is modulated by valence dimension. Neurosci Lett 303:115-118

[40] Kirchner E A, Drechsler R (2013) A formal model for embedded brain reading. Ind Robot: Int J 40(6):530-540. https://doi.org/10.1108/IR-01-2013-318. 233, 234, 238, 242, 243, 254

[41] Folgheraiter M, Jordan M, Straube S, Seeland A, Kim S K, Kirchner E A (2012) Measuring the improvement of the interaction comfort of a wearable exoskeleton. Int J Soc Robot 4(3):285-302. https://doi.org/10.1007/s12369-012-0147-x. 234, 235, 238, 240, 263

[42] Iturrate I, Montesano L, Minguez J (2010) Robot reinforcement learning using EEG-based reward signals. In: IEEE international conference of on robotics and automation (ICRA), pp 4822-4829

[43] Kim S K, Kirchner E A, Stefes A, Kirchner F (2017) Intrinsic interactive reinforcement learning—using error-related potentials for real world human-robot interaction. Sci Reports 7:17562